好聲音的科學

LE POUVOIR
DE LA VOIX

領袖、歌手、演員、律師，
為什麼他們的聲音
能感動人心？

Jean Abitbol
尚・亞畢伯———著

張喬玟———譯

U0146197

獻給聲音的藝術家

結合了科學、醫學和聲音的情感世界

一九七八年的平安夜是一切的開端。當時我是亞眠（d'Amiens）大學附屬醫院的一般外科住院醫師，那天晚上，我恰巧在急診室值班。在這裡可沒有吃點心的閒工夫。十二月二十四日晚上甚至是最忙碌的夜晚之一，因為意外狀況非常多。在那個年代，繫不繫安全帶隨便你……將近凌晨六點時，一位二十三歲的年輕女士被送到急診室，全身多處挫傷，呼吸窘迫。她的腹部柔軟，沒有出血，但是我們注意到她的下顎骨及喉頭骨折。她呈現半昏迷狀態。X光片也證實了她的下顎骨和喉頭確實骨折了。當然，關鍵是她必須先恢復呼吸能力。可是我沒有料到一個同樣迫在眉睫的憂慮會冒出來：我不能讓她失去聲音！

現在，我的手術帽、手術衣都穿戴妥當，戴了手套。我得立刻開刀，手術刀在手，幾分鐘內，我準備就緒。

原則上醫師也得馬上做緊急手術。我曾在大學醫院上樓學習過，操作過手術刀，知道怎麼進行這種手術吧。

這位年輕女士剛被送到手術房裡，她的氧氣指數正常，但瞬間降低，我們得趕忙把她送到手術房裡。我們護士把這種下方樁結保住血氣飽和室去插管，讓她的氧氣指數回升──這位年輕女士卻只有九十二％。

我們得知這怎麼辦法。但在這種死去關頭，附近的手術房裡正好有一名碰巧經過的麻醉科醫師──伯文博醫師的同事，剛好在喉結下方樁結打開的手術房裡。我告訴我的同事，讓麻醉科醫師的同事來支援我們，「亞伯醫師的同事回事來了。」

我探了探他的頸動脈，他的心臟停了，手術暫停，在開刀處達抹藥物行動才行。結果他也主任在保儂起會椎上的醫師也得馬上，即主任跑了巴黎聖文街上的醫師，我探了探他的甲狀就……

軟骨，在下方兩指寬處，我感覺到環甲膜以及圈住氣管的環狀軟骨。我用食指壓住環甲膜，屏住呼吸，切開我指頭邊的正下方處。很好，氣管切開了，可以插管了。不久之後，教授加入了，一起準備手術的後續。我們聚精會神，重建下顎和喉部。

但我的憂慮尚未消散，我向教授坦白：「您覺得這位女士的聲音能恢復嗎？」又問他，如果要精進我的技術和學習氣管切開術，最好去哪一科？「當然是耳鼻喉科啦，小子！」因此，一九七八年的這個聖誕節值班夜決定了我的志向：我要為科學，還有聲音及耳朵的藝術，奉獻心力。

手術結束後，我過去找那位女性患者的未婚夫，讓他放寬心，他則告訴我車禍的詳情。他們和家人過完平安夜後的回家路上，因為一塊薄冰，他的車子失控了，以時速九十公里的速度衝撞上一棵樹。我在三個月後又見到這對情侶，年輕女士的聲音恢復了，實在太好了。

我在亞眠醫院的一般外科待了十八個月後，選擇以耳鼻喉科為專科。我

一九八四年，我用十六釐米的底片拍了《聲紋》（*L'empriente vocale*）。

在這場我一路相伴的精采相互腦力激盪中，從那時候起，知識的大熔爐連續好幾年私下記取懂得滑溜這個整音相約會上與各科間的隔閡打造他的美的藝術與科學如膠似漆般地相融。他令人拍案叫絕的表演學校的表演家（voice performers），我才能以「總會召集了集合真實真質的人聲研究——物理學家、耳鼻喉科音樂實。

加師學院中，甚結外科醫師生，他在國際知名聲學家，以及他召集了這個實驗的美術設計師在紐約的世界頂尖的聲音研究——我在一九八○年六月，當時我探訪這個是當時年輕的外科醫師福柯醫院的世界頂尖的醫師，因此是歐洲第一家的喉科技術，結識了韋伯·詹姆士·古爾德博士（Wilbur James Gould），聲音基金會（Voice Foundation）。

射技術的醫院，我當時是幸運其技術在同時間來到福柯醫院，還有聲道以和喉的技術，得以使用這個福柯醫院——在一九七○年底蘇雷訥（Suresnes）的福柯醫院性命發，同成長照發醫。

6

這部二十七分鐘長的影片。我在這部紀錄片裡請來于格·歐弗萊（Hugues Aufray）[1]、瑪笛·梅絲普蕾（Mady Mesplé）[2]、或是初露頭角的吉普賽國王合唱團（Gipsy Kings）這些聲音藝術家，介紹了探索喉頭和聲音的科技、喉頭的生物力學。我抱著給古爾德博士觀看的想法，把影片裝在一個紅色盒子裡帶去。

說真的，這麼做讓我提心吊膽，但是古爾德博士的反應爽快得令人失措。他不只願意觀看我的影片，還提議邀請他的三位聯合主席、同時也是聲音基金會的長老成員：G·保羅·摩爾（G. Paul Moore）、弗里德里希·布洛尼茲（Friedrich Brodnitz）博士和漢斯·馮·李登（Hans Von Leden）博士。他二話不說，就約下週二中午至兩點的休息時間，在禮堂裡觀看。

我得承認，我壓根沒想到這部影片會受到這些大師如此熱烈的歡迎。事實上，看完我的影片之後，古爾德博士毫不猶疑，問我願不願意對全球放映。對我而言，這個認可是什麼獎項也比不上的。儘管如此，《聲紋》在一九八五年的巴黎國際醫療影片影展上還是得了大獎。該獎項由當時的衛生部

聲音為何能說話，但是有這麼大的力量呢？

為了解地球的進化和奇妙旅程，因此我對人聲的演化過程也如此熱衷。我試著從科學和醫學的角度，起源為我較於其他人的憂女作《聲音奇航記》（L'Odyssée de la voix）。我在該書裡理解人聲的情感源起，並寫下我的體驗，摘錄為讀者揭露這個跨學科的聲音世界。

科主要就到讓我正是在那幾年的聲音外科的背後再回頭，我總是常前往紐約的聲音藝術家，熱愛聲音的我對聲音的興趣基金會受到重視，因為聲音的興趣基金會認可。

我剛頭衛生語言治療師，也開始是外科醫師，即聲音外科。那幾年我在精細顯微重建手術的初期，受到耳鼻喉科醫師公會認可，同時也為聲音的外科而為這

長馬吉娜·杜弗瓦（Georgina Dufoix）頒發。

【譯注】

① 于格・歐弗萊（Hugues Aufray , 1929〜）：法國著名作曲家、歌手・歌曲極富詩意。

② 瑪笛・梅絲普蕾（Mady Mesplé , 1931〜）：法國女高音。

引言

聲音就是我們的力量！

人聲甚至不僅能讓人溝通，還是科學家、哲學家和思想家創造思想和感動「自從開天闢地以

生生不息，未來都很重要——個無價之寶。我們全都是聲音之寶。我們可將地球上每一個子孫地連繫在一起，讓人類得以跨越數世紀，對我們過

聲音全依靠著能讓人溝通不可或缺的源泉，我們全都是聲音之寶，聲音使我們更加仰賴的聲音。

「聲音可以創造財富，引誘迷惑，或是導致敗局。聲音是肉體和思想之間化學作用的

結果，它是辭不達意、引人服服騙不了言人。我們的

塔哈·班·哲倫（Tahar Ben Jelloun）①在《神聖的夜晚》（La Nuit sacrée）

中寫道。

在混亂與和諧、真實與虛擬、肉體與靈魂之間，人聲既獨特又普世共通。它就像指紋，人人皆有，卻天下無雙。

聲音觸及了我們的存在和過去的種種面向；它是我們歷史的記號。它是情緒、幻想和理智之間的主要連結，同時能讓我們與世界互動，跟著它一起行動。

如果說聲音是我們的本色，那它也是我們的祕密花園。因為聲音能幫我們和他人建立關係，也能躲過他人視線，與自己對話。我們在這個內在的靜默中，不斷自言自語，我們的聲音永遠不會消失。它是一種永恆的刺激作用，能夠激發推動我們的生命衝力（l'élan vital），指引我們的行動，鍛鍊我們的直覺。它是內在性（immaence），也是超驗性（transcendance）的。

現今，聲音變成文字：當我們對著電腦說話，它就會寫出來。在半世紀之前，人們還無法想像聲音的力量會這麼令人驚歎。有聲音的地方就有生

……「我不知道它怎麼了」，「我最近愛上的全部都是沙啞、低啞、粗嘎的聲音之光。在暫傷或是感冒把它隱沒後再度隱啞，聲音總算結束出現，我們將失的世界。

聲音而它常成了我們和其他人之間的一道隔絕這擊保子，不當我們的。當然，不當聲音是我們人類希有到的，說到心肝等。聲音又好知如直到它滑失的成分像值到全部或是沙啞能引發意外直到它無所不在與從前比起來，知道這裡實貝等聲音粗嘎、失聲，我們所在肩手丘比於前手身上，也即是慶與和我們不是聲勝之目光在暫傷或是達論疾病感把它隱沒後再度隱啞才開始以至於我們規它們為重要聲音貝總算再出現，聲音的冀外在人類就在它為理的聲音擬算結束出現，我們將失的世界。

命之間觸摸只有被說出來，有時被說到心肝。聲音能守能帶符到達訊出來才以存在的地方。聲音能帶我們到我們不曾想過會造訪的地方。聲音能引誘過我們想要的慷櫥，也想到的事，是聲導航算它是聲識算它威力無意識，它威力無意識與驚。

聲音是最初的情緒連結，數千年前的人類就在他們之間編織起這個連結了。聲音觸及我們生命中的各個方面，它讓我們建構社會，與外界連結，讓我們被外界接納。聲音是一個人自我、靈魂和生命的支柱。

從古希臘時代的廣場到電視螢幕，聲音在諸如司法、政治、廣告、藝術或情愛等，所有人類事務上施展它的力量。

儘管閱讀的時候，我們可以停下來，往回翻、思索、為內文加注，聲音卻不是如此：滔滔不絕，滾滾而來的言辭，哄弄我們，搖晃我們或是刺激我們的音樂性，都深深打動著我們。這就是聲音的威力，但它不是安全無害的，因為聲音會俘虜聽者，讓聽者訴諸爬蟲類大腦的原始反應，犧牲理智，被捲進說者的感情風景之中。

聲音是我們的生命力及力量的能源，可以明亮如日，陰暗如影，如同薄暮或晨曦。它調節我們靜默的節奏。它反映了我們的情緒、時空、人生的傷疤。

講道不只是身為醫師、外科醫師，又如此熱中人聲的我，想要帶你們去探索聲音的美，從誘惑到編裁聲色，從聲音的政治層面，到化學作用，以及導師（mentor）作用，我想我們這就是我想帶你們踏上的旅程。

講道者的精神科學和醫學，揭示聲音旅動中，歌手的角色，還有從聲音力量的情感和藝術方面，以及從導師的祕密和理智之間，修飾帶你們以喉頭音方面的聲音揭開，踏上的旅程。

【譯注】

① 塔哈・班哲倫（Tahar Ben Jelloun, 1944 或 1947～）：摩洛哥詩人、作家，以《神聖的夜晚》獲得法國龔固爾文學獎（Prix Goncourt）。

目次

Chapter I

人類的發聲器官

L'instrument voix

曼紐爾‧加西亞的手杖與喉鏡的發明

聲樂教授加西亞（Manuel Garcia）①——一八四二年，一個和煦燦爛的秋日，太陽在皇宮花園上方閃耀，紐讓陽光照在手杖上。那時五十歲了，這位男士在巴黎上流社會人士優雅散步，顯赫的社會身分。這位男士被皇家音樂學院的絲毫不把奧爾良皇家音樂學院放在眼裡，即將教授放在眼裡。光反照的那些咖啡色球，那些變化給咖啡廳裡絲毫不引住了他的全副心思彷彿都在眼裡……

直到十九世紀，聲音才被科學成功地加以分析的科學。從古希臘人到埃及人，從阿拉伯文明至啓蒙時代，聲音一直被視爲生命的元素，對所有文明而言，聲音超過一萬年來皆是如實觀察。此人（Dogon）原住民，但是……

看見人類的聲音

加西亞雖然不是醫師，但他對解剖學的知識卻相當令人佩服。他已經在醫學院解剖過喉頭。但是，大體上的喉頭自然是不會振動的，不管怎樣都無法向我們透露話聲或歌聲是怎麼發出來的。他望著金光閃耀的手杖球，突發奇想：何不利用太陽照在鏡子上的反光來檢查喉嚨呢？事不宜遲，他立刻前往奧德翁（l'Odéon）劇院一帶，專門製作牙醫鏡子的夏利耶爾（Charrière）公司。他花六法郎買來一面鏡子，回家設計了一個觀察聲帶的儀器，便立刻在自己身上做起實驗。

他做音階練習，從低音唱到高音，他笑出聲，咳嗽。他留意到聲帶的變動：吸氣的時候，聲帶會會張開。說話、咳嗽或假裝哭泣的時候，聲帶會閉合。這個機制是喉嚨發聲的源頭。對加西亞而言，直接觀察活動中的喉頭，有點類似找到聲音的聖杯了。一門新學科於焉誕生：喉科學！

加西亞死於一九〇六年，享壽一〇一歲。他留下一本撼動當代的著作《歌唱藝術全論》（Traité complet de l'art du chant），在這本一八四七年出版的書中，他首先列出幾項發聲規則。美聲是加西亞家族的歷史……

要讓內視鏡從聲腔進入，就能從視鏡所揭露發聲器官的變動，無須將唱歌儀器中的聲音詳……進而只……

多方面以解析，可靠，又可以分析聲音的病理。同年，我隨著時間的連續變化，可以觀察喉頭的動作變動的情形。它可以觀察……

觀用再看見聲音「給人一種進一步窺入聲音殿堂的感覺。」一九八二年，藉由這個喉頻內攝影何度革……拜……

聲音殿堂：內視鏡攝影與聲紋

給人「一種進一步窺入聲音殿堂的感覺。」一九八二年，藉由這個喉頻內攝影技術，再度看見聲音，可以更新我們對聲樂學（phoniatrie）這門醫學……

音，就能觀察到聲帶。

從加西亞開始，他的發明，超過一世紀以來，我們只需壓下患者的舌頭，請他們發出「啊」的聲音，直是喉鏡科學的主要儀器之……

加西亞有兩個妹妹，獨當一面的高音天后瑪莉亞‧馬里布蘭（Maria Malibran）[2]，以及享譽當代的聲樂教授寶琳‧維爾多（Pauline Viardot）[3]。

妨礙了說話。八〇年代的攝影技術，每秒能夠拍攝二十五張照片。自二〇〇〇年起，使用內視鏡攝影術則每秒可以拍攝四千張照片。為科學帶來不同凡響的效益。

這個科技為聲音制定了身分證：聲紋。

音色，或是聲音的色彩，為每個人所獨有，難以定義，是聲紋的基本要素之一。就跟音樂一樣，在小提琴或薩克斯風上演奏同一個音符，同一個頻率，音色也迥然不同。每一個樂器都有自己的標記，即便是同一種類的樂器亦然：以七十二塊非常獨特的木頭零件製作而成的史特拉底瓦里（Stradivarius），和一把初學者使用的普通小提琴，音質完全不同，因為小提琴的共鳴箱會為音符增色。人聲亦然，位在聲帶上方的整體共鳴腔，印出每個人音色的標誌。

這個共鳴腔最了不起的地方，是創造泛音（harmonique）。泛音會擴大音量，豐富聲音的品質：泛音是人聲的天然「擴音器」、「化妝品」，也是

他們發出一個或一個以上的泛音，這種能量較強的泛音就稱為「共振峰」（formant）。

源於聲帶的基頻的泛音因共鳴腔而能立刻構成振動，其他振幅又比其他泛音來得強大。

為什麼如此美聲，如帕華洛帝（Pavarotti）的喉嚨，有這樣的情緒振動（émotion vibratoire）？這是因為卡羅素（Enrico Caruso）、瑪麗亞‧卡拉絲（Maria Callas）、馬里奧‧德爾‧摩納哥（Mario Del Monaco）或塔爾諾（Jean Tarnaud）⋯⋯一般人只有三個泛音，可是某些人每個人生來就有七個泛音。④

我們讓聲譜官來測量，我們就可以使用喉「等化器」（equaliseur）。聲譜官就是弦樂器，也是管樂器，塔爾諾（Jean Tarnaud）在法國發明的聲譜⋯⋯

自從聲帶官的聲帶於一九三六年起，等化器「⋯⋯」卡羅素的喉嚨⋯⋯

聲音的來源、語言的來源及母語

腓特烈二世和他的野孩子實驗

說話並非自然發生。當然，儘管我們從出生起就有構成聲音、音節和輔音的可能性，但這並不足以形成說話能力，更遑論一種語言。我們可以問得再深入一點：有最早的語言嗎？十三世紀，一二二〇至一二五〇年間的神聖羅馬帝國皇帝腓特烈二世（Frédéric II），想要知道最早的語言是什麼。

古斯塔夫・赫爾林－格魯德欽斯基（Gustaw Herling-Grudzinski）[5]為此寫道：「腓特烈二世皇帝的怪癖共有七個。他的第二個怪癖，是想確認出生不久、尚未聽聞人類語言的幼兒，會說哪一種語言。」

身為日耳曼、西西里和耶路撒冷國王，這位橫行無忌，求知若渴的傳奇

音，他們的這些野孩子，而且他們的行為似乎正常，但是從來沒有真正的學習過發聲。一個智人如果沒有與其他人接觸，可是他們不認識直立的發聲「」是不是有聲音本身嗎。界。

這野孩子走，他們的行為似乎正常，但是從來沒有真正的學習過發聲——有就於語言的特徵：一個人說話會有社交生活，只會發出聲音，可以與其他人接觸。

就是他們是人類的這些孩子可以對他們餵奶，照顧他們，為他們洗澡到他們長成，但是絕對不可以讓嬰兒受到任何的母語哪種語言呢？（這些孩子的父母的原始語言）就開始說話，就會顯示哪一種語言伴隨他們成長，但是絕各自的秘密——想知道這些嬰兒破解人的母語哪種語言呢？希臘語呢？拉丁語呢？希伯來語？阿拉伯語？德語？阿拉伯語？「母」語彼此接

腓特烈就認為這為往來也總管和奶媽奶令驗皇帝命語帝本身就會七種語言：拉丁語、希臘語、西里語、阿拉伯語、希伯來語、德語、阿拉伯語等皇帝有社交經驗也高才博學，而且還會七種語言。腓特烈二世的實驗⑥音純或皇帝命令博學而且還會七種語言：拉丁語、希臘語、西里語、阿拉伯語、希伯來語、德語、阿拉伯語等帶了幾個新生兒嬰來到皇宮，他為了這個實驗，帶了幾個新生兒沒

（homovocalis），也就不過是個衣冠沐猴。更糟的是，根本沒有最早的語言，這是無法改變的事實。這些孩子都智能不足，而且全都活不過成年。這麼說來，聲音是我們生存下去的條件囉？赫爾林下結論道：「真相是，沒有奶媽的話、微笑和撫摸，這些孩子無法活下去。人類是透過說話而活命的。」幼兒是社交動物，聲音是他的智能糧食，來自他人的刺激對生存是必不可少的。

數百萬年以來，人類的存活機會，無疑與他和其他人類之間創造的溝通和交流息息相關，也就是說，與自己的聲音有關。

愛麗絲與戈：有關母語的概念

既然最早的語言不存在的證據，已經被提出來了，那麼剩下來需要思考的是母語的概念。

茂就說日語嗎？他們的回答很快：是法國九歲，絲記得有兩位小朋友，他們的父親是日本人，被他們的父母帶回法國，兩年前回到法國，孩子們法語裡帶著幾乎沒有這種口音的法語……母親看來在這裡浸淫在母語裡愛麗絲。

如果茂也用在學校講哪一種語言？」但是我的好奇心，我的視線退居二線——愛麗絲想多知道我問他們用哪一種語言：「你最喜歡哪一種語言呢？」我愛麗絲回答或知道——我們的視線就停在二絲心算是比較不過他們。

我們知道，每一種語言他用日語補充表現自己；用母語還是用母語，保護自己，在談什麼，但你對語言的理解程度針對我的電。

最常比較子的聲音謎語，很快的雙語文化裡。

聰明的攝影機，照很快的雙語文化裡。

他們用很可樂於這兩位——他們用另一種語言架構我聽得懂，平都是完全無法理解這點都無所謂，他們用語言的時候是你知道的時候，我就會就日語的時候，你知道的時候我問又電。

行一項簡單的測試。

為了確定他們是心算：「茂，最常就比較子的……我讓他們用母語計算，總是比讓他們用第二語言還進……

要快。他們的法語和日語一樣棒，都能即時回答，心算時間是一樣的。由此可知，他們有兩種母語。他們也說英語，所以我請他們用英語做測試，結果中間出現幾秒鐘的延遲時間。他們在回答前，必須先在心裡把這些數字翻譯成法語或日語。

從十八個月大一直到四歲，聲音和母語就像去不掉的刺青，銘刻在孩子的皮層裡。從襁褓時期就同時學習兩種語言，可以讓大腦的語言區同時發展。對那些一出生就懂得雙語的人而言，掌管語言的布洛卡區（Broca's area）和維尼克區（Wernicke's area）幾乎重疊，正如康乃爾大學的金（K.H.S. Kim）、瑞爾金（N.R. Relkin）、李（M. Lee）和赫胥（J. Hirsch）於一九九七年在《自然》（Nature）雜誌上發表的文章中所示。日後才學習的語言，並不會占用同一個大腦區域。這已經透過發聲中的腦部正電子放射斷層掃描和磁振造影，被證明過了。

我們可能會以為雙語兒童和雙槳子兒童很相似，其實不然。丹‧克洛博士（Dan Crow）在一萬一千六百個英語系十一歲兒童身上進行的研究，顯

我們見到的分裂症，腦部非常普遍。因為語言的感知能力就像康城大學中心的皮耶‧布思搭尼（Pierre Bustany）為的那樣。

狀況在雙音難道有精神分裂嗎？之後（syndrome de Turner）是一種基因異常，其情形見之十倍，是一項的能力X而非X。在這種基因異常，其位在其中一半，非雙腦部的疾病，其中一條性染色體中，透過度發育的精神分裂的綜合症。

亂騙！這種先天卡區，他們磁造影所做的研究，右腦主導右邊和右半腦幾乎沒有其中顯出雙對稱的偏側性，兩邊都具有語言功能，布洛卡區的語言功能「假」的兩個指揮，仿佛左邊側性（latéralité）。

的力，也表示由左腦主導的語言，同時取決於我們的右橄欖。這種先天橄欖狀，比雙音的速度稱之雙橄欖，由此可知，聲音

馬力歐：在手術後喚醒的母語記憶

要維持多語能力，這些孩子非得繼續使用他們的兩種母語不可。大腦刺激是知識、記憶和進化之鑰。如果我們停止說其中一種語言，神經元通路就會被抹消，如同馬力歐不可思議的故事那樣……

七十五歲的馬力歐帶著困擾他的啞嗓來找我看病。他是主唱深沉男低音（basse profonde）的聲樂歌手，也是劇場演員。他的右聲帶上長了一塊息肉。在他全身麻醉後，我利用喉內視鏡進行顯微手術，因此完全沒有出血。手術十分順利，結果相當令人滿意。息肉的分析結果顯示為良性。

我們把馬力歐送到麻醉恢復室。在他被送回病房之前，我過去看他，我問：「您還好嗎？」馬力歐用一種我聽不懂的語言回答我。我得說，我當時擔心這是全身麻醉帶來的腦中風副作用，這種情況雖然很罕見，卻有可能發生。我請護士去叫一位神經科醫師過來。我認為馬力歐精神錯亂了。恰巧護士聽得懂馬力歐在說什麼：「亞畢伯醫師，他沒有中風啦！他只是在說希臘

只說法語，但是七十幾年前就記憶和詞彙更多。我所以就

「醫師仍維持完整的血管，但是偶爾會用希臘語唱歌。」

因為篇幅下降的現象，在全身的那件現象，距離那件事發生時……來時回到巴黎，我幾乎認不出他。可是我回答我：「沒錯，我後……」

我問他：「是關於他的肌肉的嗎？但是我所知

他說他現在在幾年，在幾年我問他……是癌症嗎？」不是，馬力良是良好的，同了。我關於

他在七十歲的時候就去世了，我問他為什麼將近七十年沒再說希臘語呢？」我讓他放心：「不是這樣啊！我稍後馬力良讓他放心，「不是這樣啊！我媽媽是法國人，但是我爸爸是希臘人……」他稍作遲疑，想了我爸爸是希臘人……」他稍作遲疑，想了

他較後得我……您的法語道地的確能

雙語的孩子在一歲時，就分辨得出每種語言的音樂性，並永遠地吸收在自己的大腦裡。他的資質並不比其他人特出，不是他的左腦或右腦有什麼天賦異稟，只是大腦從他最幼小的時候就開始吸收人聲、音樂性、話語。大腦唯一的需要，就是從出生起先受到聽覺刺激，稍後再受「聽說循環作用」（boucle audio-phonatoire）刺激。

在新生兒的腦子裡有一整套可能想像得到的音素（phoneme），就像調色盤，上面有每種語言的每種色彩。如果我們不使用、不刺激，就會在七歲之後失去它們。若是五歲之後才學習一種外國語言，我們往往會不自覺地加上母語的節奏，就會留下口音。

母親的聲音對孩子的影響

孩子早在出生前，就深受母親的聲音所影響。胎兒聽見母親的心跳聲，這個三拍子的節奏，是代表安全及保護的音樂。

這個實驗的過程讓
女孩們在母親陪同下公開演講，並讓音響及聲音效果的問題上卜。

歲的小女孩在充滿壓力的母親環境中，賴加快，並讓音她的孩子身上，塞爾豪爾（Leslie Seltzer）想知道

內分泌上，荷爾蒙是當使孩子在眾多影響行為的他能造句了，也就是從六個月大時的皮質醇（cortisol）的催產素甚至因為這個重要角色，這些聲音與社會行為啟動了三個月大時開始學習語律，六個月大起，就能辨識其這是一個由被稱為「愛情荷爾蒙」尤其是在母語的語音與社會互動，八個月大時，九個月大時，他能辨識其愛情與依戀關係中，以及消除我們恐的荷爾蒙，但是比較不為人知的他的語法組合連結兩個個母音來此外，還有催產素（oxytocine）是一種特別的荷爾蒙，我們除壓爾二十四個月大，這些母音的音樂爾蒙，想知道這些二十一個月大。

這些女孩被分成三組。在她們上台表現之後，第一組的女孩可以看見她們的母親出聲鼓勵，還有身體接觸。第二組的女孩沒有看見母親，而是看了七十五分鐘的電影。最後一組的女孩則是拿到手機，電話的另一頭是媽媽！真是令人驚喜交加。

第一組女孩的催產素含量最高，皮質醇水準緩降。接觸母親後所產生的催產素，能幫助降壓。

完全沒有與母親接觸的第二組女孩，一直處在壓力之下：身體沒有製造催產素，而且皮質醇含量大幅上升。

至於那些透過電話受到母親鼓舞的女孩，她們顯示出催產素和皮質醇的變化，任任都可與第一組做較量。果然是母親聲音力量的影響！塞爾策獲得的結果，顯示在人際關係當中，聲音對荷爾蒙的調節，具有與身體接觸同樣強大的力量。這些結果也許提供了一個初步的生物學解釋，為什麼手機會這麼熱門……想要有愛情荷爾蒙，就跟打一通電話一樣簡單！

和諧。

聽得見母親的聲音，就證明這樣的母親的聲音，就是孩子在記憶中保存了母親的聲音。因此，母親的聲音要有一點變化，他們就會覺得母親的聲音不太過來找我。三十三歲的兒子的聲帶有半點變化，他們都會嚴重打亂家庭，那就……

沒有強迫自己發出聲音。我記得一位患者的例子。三十七歲的 H 帶著他三十三歲的兒子來找我。這 H 太過來找我。他的聲帶有半點變化，他們都會嚴重打亂家庭，兒時的就……

人有強迫自己發出聲音的子。三十七歲的 H 帶著他三十三歲的兒子來找我。三十三歲的 H 太過來找我。他的聲帶接觸不可聞，她用氣音說話的跡象關不……

我因為自己發出聲音的例子。三十七歲的她正巧發出了這個變化之後才注意到她的聲帶有接觸她的聲音無法接觸的跡象關不……

我的聲音變得進一步說明。她在這個變化之後十三歲之後聲帶無法接觸有接觸九歲的聲音，但是仿彿在三樓正常，每次……

要可嘹可嘹的聲音也無法復原進一。她二十七歲的她按九歲的聲音，但是仿彿在三樓可以回復正常，……

喉頭的他們的聲音也無法進一步。我的聲音的嚨聲音，並按房間一個七歲之後聲帶可以回復正常，……

雞開喉頭會動，並從喉頭的中央位置來到講電話的房間，他們仍然希望聲帶接觸，聲音變得好些，每次……

離開喉頭的聲帶的中央位置來到講電話的房間仍然希望失去聲音了。「互撞跡象關不……

因此，兩條聲帶無法接觸，聲帶呼叫它為可。

是左邊那條喉頭的檢查結果，我有兩個小孩顯示右聲帶「外展麻痺」（paralysie en abduction）。

平細不可聞。

我建議她動手術，讓兩條聲帶在發聲時重新閉合。我們只要將左聲帶往內移，讓它回到能與右聲帶接觸的位置，引起聲帶的振動，而聲帶振動就是我們發聲的起因。因此，我們在左聲帶注射藥品，讓它恢復原來的線條並回到中間位置。這場手術需要全身麻醉，然後從口腔插入喉頭鏡，利用顯微鏡進行手術。聲音會在五至十天內恢復。

H太太思考了一段時間後，同意動手術。在我為她動完手術的一週內，她就恢復一副美妙、女性化又有活力的嗓音。她對我透露一件不可思議的事：「從來沒聽過我身為女人的聲音！」

但是，過了兩週之後，H太太帶著她先生及兩個孩子回來了。「我不認識我媽了。」老大對我說。「這不是我娶回家的女人，我也不認得她了。」H先生補充道。對H太太的親友來說，她那細弱的聲調就是本來的嗓音，而我卻改變了它。我必須使出渾身解數才讓他們安下心來，並且說服他們終究會習慣這個新聲音的。

話雖如此，我們仍能理解這家人的恐慌，特別是孩子們的恐慌，但是其實他們被親近正的聲音都被母親如此，「正常」的這個被這家人的聲音「新」聲音根本取代，根本不代表什麼。

鏡像神經元與聲音的關係

　　有一件事是肯定的：在學習說話的時候，我們的智力資源（ressources mentales）並非侷限在一個合理、客觀的單向動作上，而是會尋求記憶，使情緒產生共鳴，主動且真誠地與對方交流。同時，還必須理解其他人的意圖，把他們的身體及腦海中的動作變成己有。因此，鏡像神經元在人聲及其力量中，扮演很重要的角色。

　　由神經生理學家維多里歐·伽列賽（Vittorio Gallese）和賈克莫·里佐拉蒂（Giacomo Rizzolatti）所發現的鏡像神經元，讓人們更容易理解牽涉到社會認知、各種透過模仿的學習，以及情感過程（processus affectifs）、理解他人、情緒和同理心的機制。

作，首批研究是在猴子身上進行的。他們當猴子抓住某個特定顯某樣，牠會進行一個特定的運動，這是會激起合理的運動神經元（neurone moteur）的現象。但是，如果猴子觀察另一

視聽鏡像神經元

人執行一個標準「」的運動型（canonique），神經元或是開始活動，就辭出一個特定「鏡像」神經元和大腦這座銀河裡，此區域的時候，我們可以觀察到鏡像神經元「反映」的動作，神經元才會活動。

人腦包含近千億個神經元。此區域的同步刺激，我們可以觀察到鏡像神經元的活動，一名旁觀者看著他人的執行一個運動型「」，神經元或是開始活動，但是鏡像神經元卻只會在我們執行某個運動時才會活動，神經元才會分辨出他人的行動。此種出俗稱另一個動作稱

旁觀者的大腦好像透過這個明確的目的去執行某個運動的目的，而一名旁觀者看著他人執行某個運動的時候，我們可以觀察到鏡像神經元的活動，一名旁觀者看著他人的活動執行一個運動型「」，神經元或是開始活動

旁觀者的大腦描述了某一個人為了明確的目的去執行某個運動的目的去執行某個運動，而一名旁觀者看著他人的活動執行

個體——猴子或人——做出同一種握球的動作，而他自己什麼都沒做，我們也可以觀察到他腦中也受到同樣的刺激。運動神經元開始動作，「點亮」它們的所在區域。換句話說，看著別人做、聽著別人說，大腦會模仿同樣的動作、同樣的路線，而在聽人說話這方面，大腦甚至會重複默誦同一些字句，卻不一定會說出來。

二〇〇二年，艾芙琳·寇勒（Evelyne Kohler）發現一種獨特的鏡像神經元，她將之稱為「視聽鏡像神經元」（neurones miroir audiovisuels），位在大腦的 F5 區，與語言區——布洛卡區相連。觀察某個動作的執行，以及這個動作所製造的聲音，都會刺激這些神經元。大腦相關圖像顯示出一名聆聽演說的人會在心裡默誦及理解內容，並使布洛卡區活絡起來：這又是一個鏡像神經元的效果。腦波圖和磁振造影，雙雙提供了視聽鏡像神經元存在的證據。這些技術讓人得以看見在執行運動動作的當下，大腦一些區域的血流變化。

直到今天，我們只發現了兩個大腦網絡（réseaux cérébraux）：第一個

系統的神經元活動。當我們看見或聽見他人的動作或是說話的時候，網絡剝激位在前運動皮質運動及邊緣系統中洛卡區的鏡像神經元（這是語言的鏡像神經元）及頂葉的鏡像神經元，第二系統則位在前運動皮質運動及邊緣系統中洛卡區的鏡像神經元網絡剝激價集及頂葉的鏡像神經元系統，就會激發。

這也是說書或是旁觀者說，這個系統在人類身上描述比淺見其他人的動作時，可以讓鏡像神經元更複雜的鏡像神經元開始活動。當一個人看著他人的神經元相關件事件上身與鏡像神經元開始活動，透過這種附帶現在生活有那麼現象。因此，說著銀鏡可以讓自己身上與鏡像神經元相關的神經元開始活動，除此人類行為以外的動作的總和之外的動作。

視覺主體驗這些光線起書或是想書或是系統在人類活動的總和。

身受、電玩雙面，我們最好運用同樣手法：在大多數人的鏡像神經元活動、同樣的語言表達一下。鏡像神經元觀察和觀察現象。使得真實的真實影響。讓兒童多變得更擬的真實影響，讓兒童變得他們因此，說者銀鏡得非常薄弱，主角玩電中的銀聽可能為同玩主角中的暴者大

社會帶來不堪想像的後果。

聽母親說話的孩童、聽教師說話的學童、聽偶像說話的群眾，彼此之間的牽連都是同一回事。共通點就是他們都認同對自己說話的人。這必然與同理心相關。情緒其實是我們最早擁有的，能評估我們人際關係世界的能力之一，藉由與他人及自己的比較來為自己定位。

布魯諾・威克（Bruno Wicker）利用磁振造影完成的一項研究，向我們證明一名旁觀者看見患者臉上的嫌惡表情時，兩人大腦中代表嫌惡感的神經元同樣都會受到刺激。這是共享的神經元反應。這不是複製，也不是受人擺布的反應，幾乎算是條件反射了。兩人同一個腦部區域的活動，表示我們的感受能力，以及我們明明沒有正在「親身」經歷卻直接理解這個經驗的能力，都是透過大腦及荷爾蒙「間接」體驗來的。

就像皮那・布思塔尼（Pierre Bustany）博士在著作《大腦給你止不住的驚奇》（*Votre cerveau n'a pas fini de vous étonner*）⑦中傳達的訊息，鏡像神

這些相連的神經元，在我們執行動作的時候會開始活動。

系統水乳相連而產生知覺到聲音的鏡像神經元也變化。

開始感知到聲音方面的鏡像神經元，低音噪音、高音樂和人聲，讓我們得以辨清楚。鏡像神經元的聲音就開始活動，尤其是母親的聲音。在胎兒三個月大時，這些活動起來與聲音逐漸會。

在學習與記憶的過程邊緣過會。

從胎兒時期開始發展

聲音的高穩固，我們愈容易重複這個動作。然後是重複那個動作，就算它加強了大腦中觀看運動神經元活動的數目，也會神經元是比球來愈。

用語言、聲調，在一個樂章由之代表的動作，領導人自己起音，仿彿觀看過無縱橫這條路徑的結果，單是比球來愈神經元。

通這是一個連結感知和運動的系統，它加強了大腦中觀看運動手的這段路徑的神經元，然後那些活動的數目也會神經元。

中，邊緣系統是活躍的，讓行為可以配合情感。這個小傢伙想要討媽媽歡心，會用一個與他分享滿足感的反應，來回應她的聲音或歌聲的刺激。

鏡像神經元牽涉到發聲學習，而這個學習需要喉頭、嘴巴和舌頭肌肉的活動能力。鏡像神經元所創造的，與他人之間的連結，超乎一般的理性認識之外。

伊歐安娜‧馬里（Ioanna Mari）、丹尼爾‧戈爾曼（Daniel Goleman）、傑若‧于特（Gerald Hüther）、英姬‧韋澤（Inge Weser）的研究，讓人更容易了解胎兒的不同行為。孩子自然而然地靠著模仿他的所見所聞來學習。他都錄進腦子裡，甚至早在他出生以前，就有一套真正的目錄在滋養他的情緒、行為、動作，甚至還有情感的記憶。

我們很容易想像，懷孕期間存在於母親與胎兒這相依共生的兩者之間的強烈連結。這兩個大腦不厭其煩地透過彼此的鏡像神經元溝通。母親無時無刻都在傳送資訊。假使聲音是一闕未完成的交響樂——因為聲音在這一生中

律動繼續譜寫仿佛的旋律、韻律和聲音，沒治在那麼新生兒的神經系統上就來，鏡像神經元的交響樂起了頭。母親的音樂的交響樂在早在出生之前，就透過母親和他腸子有他

那些新生兒在早在出生之前，那麼新生兒的鏡像神經元的大腦有可塑性。母親的歌聲透過母親和他腸子有

的音樂和諧的音量，可以安撫哭泣的新生兒。新生兒的聽覺早在母親懷孕時期要讓他明瞭懷孕女性的聲音和他腦中的期盼和欲望，都直到十八個月新生

那麼之後這就是讓我們得以從科學及設定以同理心照著未來人生中的情緒有著重要的角

讓他恢復平靜、找回安全感，唱歌或是播放音樂，他未來人生中的這些訊息都是他第一音和樂音對人最

時期要讓他明瞭懷孕女性的聲音和他腦中的期盼和欲望，反映在新生

的歌曲第三個月和樂音對人最為智力最大生。

胎兒的鏡像神經元將會產生——就算在早期的大腦有可塑性。

50

表觀遺傳學（Épigénétique）：基因、環境與行為表現

二十一世紀初期，我們知道智人和黑猩猩的ＤＮＡ，只有一％不同，其餘九十九％的ＤＮＡ都是一致的。

的確，研究人員在分析將近十萬年前的智人基因之後，發現他的ＤＮＡ組合與現今的人類一致無二。所以，人類的進步，包括演化、可溝通的特有天賦、聲音、語言的豐富性，都在強調一個假設，那就是文化、學習、家庭、環境的重要傳承，是透過另一樣東西，而不只是ＤＮＡ。有一項驚人的研究為我們證明了這一點。

參與實驗的老鼠分屬兩種不同的品種Ａ和Ｂ：老鼠Ａ具有非常顯著的特性，和老鼠Ｂ大不相同。研究人員將母鼠Ａ的胚胎植入母鼠Ｂ——即孕

何被活化。「

基因的表現，卻不只是我們原有的基因會改變我們的基因。還有這些基因的DNA。環境可以調控基因表現的方式，也就是基因的……因，以及影響基因會改變……重要。」

約翰·格雷布（John Grabbe）博士的研究也贊同了他的結論：「我們的結論……性都會很低。」

結論暗示了提高了抗壓性，所有在困難的環境下成長的幼鼠，後來也有那些同樣十二個……變得飽受驚嚇的母鼠的幼鼠——老鼠的結論是什麼？他靈巧且照顧周到的母鼠，這段老鼠初期生命的……米尼博士神經……基因的經驗加上……生博士改……

麥克還要歸因於行為模式中……因於往生母——個驚人的結論：我們發現……因此，出生時老鼠調適訊息具有孕育……這些調適訊息來源具有孕育的經驗……母的B的特徵……父母的特徵……

人類有著高超的學習能力，這是歸因於人類從出生後就還不完全。儘管他的遺傳程式（programme génétique）因為 DNA 而無法改變，但他也隨著年齡漸長，在表觀遺傳部分建構自我、發展自我。因此，我們可以在智人身上看到他們對環境條件及其影響有非常大的適應能力。

每個孩子在出生前，藉由感官、情感和心智感知所獲得的新經驗，將增加大腦的神經元。

人聲的出現

雙足行走，是讓脊椎和顱底大腦區域之間的特殊發展得以直立。尤其是這也是人類的枕骨的特徵之一。

發聲與人體直立的關係

頭降至頸椎第一節到第五節的因素如下：……即雙足行走前，人類出現在其近親靈長類——人猿身邊。大腦大幅成長，包括被稱為「新皮質（néocortex）」的大腦新皮質，最終到達它發聲器官中共鳴，與人類相抗衡，對人的聲……直立人站……

聲的操控之後，一切再也不同以往了。沒有任何後育的發聲器官可以與人類……距今約七百萬年前，亦即雙足行走前……的特徵之一。

與頸椎之間的角度相當重要：在猴子身上，第一節頭椎和頭顱間的角度是一百二十度，人類則是九十度，有利於大腦成長。

喉頭位置的變化

喉頭是弦樂器，也是管樂器。這是一個位於喉嚨的器官，與咽部及氣管交叉。因為它保護著兩條聲帶，於是被任命為發聲器官。肌肉、黏膜和軟骨簡直就像鷹架，將喉頭團團圍起。它的柔軟度十分驚人。

喉頭從灌溉它的動脈血管中汲取能量；它的敏感性和活動性，來自神經的指揮。喉頭那無與倫比的靈活度，來自大腦的和諧，而和諧的大腦使喉頭具有聲音器官的特性。喉頭還在呼吸和吞嚥中扮演要角。

子宮中的胎兒在第三週大時，就開始顯露咽喉這個十字路口的輪廓。到了第六週，我們已經可以分辨出甲狀軟骨、環狀軟骨和杓狀軟骨，只是此刻

的音列，可以發出他的聲音，就比他的幾個母音，最早的幾個字。

兩年中跟新生兒的聽力範圍中，他只是他發出「人聲」後的第二個月。出生後一位置，就像那樣的，哺乳類的喉頭融合在一起，像那樣的人類，哺乳類的喉頭融合在一起，一切各就各位。接著，會縮短六個月，胎兒在六個月大。

他的喉頭進程跟黑猩猩比成人的喉頭高，這個特點讓新生兒的喉頭在同樣的地方，可以同時呼吸和吞嚥，即吸奶的時候就形成共鳴腔，即在前面幾個音節，這樣就可以讓新生兒的喉頭下降到第六節頸椎，新生兒的喉頭在同樣的地方，可以同時呼吸和發出他的聲音就加入了他的發聲器官。「（espace voix）」從這時起，就形成和吞嚥，即吸奶的前面幾個音節。

一個聯繫，可以說他的第三個耳朵聲音的空間就是他的世界，是他開始感知的第一個聲音時，被動使用的各種空位，是人類的溝通器管之中，讓羊水吸收了他的世界，或者我們從出生命世界我們懷孕的第一個音，所有新的聲音，於是人類的溝通器管之中，在母親的子宮裡和肚子裡，讓羊水吸收了，因此傳得生命的第一個。

但是，聲音是受到染色體（女性是ＸＸ，男性是ＸＹ）還是荷爾蒙的影響呢？答案很複雜。其實無論男女，喉頭都與荷爾蒙離不開關係，它是荷爾蒙的目標器官。因此，男聲或女聲並不僅取決於我們的染色體ＸＸ或ＸＹ，還特別取決於性荷爾蒙。此外，這跟我稍後會提到的頻信大有關係。

女性沒有喉結，但是隨著青春期的到來，月經來潮後，聲音在女性荷爾蒙——黃體素和雌激素——的影響下改變了。女性的聲音會比兒童聲音要低了三個音。

聲帶身為喉頭的主要零件，卻不是全套發聲器官的唯一元素，後者還包

因為在聲帶之間藏著人性。

V，尖端朝前，聲帶共有兩等，正好在喉結的位置，這不是在喉嚨裡呈現出的V，而是代表勝利的V，的一個不輸生命的V字型，的（vie）的

七公釐。

三公釐：

我們的聲帶在嬰兒時是三公釐，兩週的聲帶長度是四公釐，其構造也會改變，直到青春期任務完成後，接近兩週大時會變長到十七公釐，青春期的聲帶長度是十二至十五公釐，男性的聲帶長度從二十一至二十三公釐，荷爾蒙的聲帶長度從二十一至二十三天時是

全套發聲器官

含了肺和嘴巴。肺是人聲的能量來源。肺部送往喉頭的氣流，使聲帶的黏膜振動，而嘴巴和嘴唇讓我們得以構音。聲帶在吸氣的時候會張開，使肺部充滿了空氣。吐氣的時候，肺部清空，聲帶彼此靠攏，我們就可以發聲、說話或唱歌。V的尖端是聲帶的固定點，多虧這一個會開開關關的關節，V的兩條分支能夠彼此靠攏。此外，聲帶在吞嚥期間也會彼此靠攏，關閉氣管的開口，以防止嗆咳。當我們咳嗽的時候，聲帶在強大的吐氣壓力下，猛烈地闔上又打開，哭泣的時候也一樣。

聲帶的長度決定了頻率。聲帶的張力決定了聲音的高低及強度。然而，聲帶的尺寸並不是人聲差異的唯一原因：基因特徵也攙了一腳，還有其他生理因素，像是氣管、共鳴腔、咽部和嘴巴的尺寸。共鳴腔愈寬闊，發出的聲音愈低沉，泛音也更豐富。因此，人聲受到了全身條件的限制。每一副嗓音都是獨一無二、獨樹一格，絕無僅有。它是聲音和全身——當然是與骨頭以及皮膚、黏膜和不同器官——共振的結果。身體好比一座教堂，而喉頭是教堂的管風琴。

● 共鳴腔與音色

唱家，她自從觸碰在位中間，聲帶復健乳癌之後，還有她過人的歌聲，就是在左聲帶振動的歌唱技巧。

聲帶的聲音，當琴弓必須觸碰琴弦才能發出聲音，同理，小提琴的彈性過程中，這個或那個聲帶不展，才能發出聲音，兩條聲帶必須彼此接觸摩擦，才能發出聲音。聲帶的聲音必須接觸到。聲帶就能接觸在位中間外展才能振動，小提琴的聲帶，或是我們無法振動，是我們醫學上稱另一條聲帶，兩條聲帶必須彼此接觸摩擦，才能發出聲音。人的狀況便發不出聲音，名患者可發出聲音，這能敎的女條件如果產生無。

聲帶一樣跟小提琴的弦，就跟小提琴前撥小提琴的弦，若拉長的弦，這個頻率變細，讓它繃緊並且發出高音，與聲帶的厚薄及張力都息息相關。此音長，小提琴的聲帶需要多少張力才能發出，聲帶長度才算，許多聲帶本身快速改變的音高，縮短而為了要想變得音的厚薄粗即可，變頻率有關產生——即因生的音高而調的聲帶越粗的音高而調的音高越高——即因產生的音高越。

別忘記了，聲帶是一整條在振動的，只有一道正弦波。這是主要的生理特徵。於是，當聲帶上的結節或息肉，干擾到聲帶間的接觸，雖然不會妨礙發聲，卻會產生第二個波節（nœud vibratoire），使其頻率受到干擾，聲音就會改變：在這種情形下，若不是失能且需要動手術，就是不妨礙患者，患者甚至會很滿意這副不感疲累的啞嗓，這時千萬不要去動它。這是患者的聲音標記，是他的聲紋，就像嘉羅（Garou）⑧或喬‧庫克（Joe Cocker）⑨那樣。但這種時候，共鳴腔就扮演了一個主要的角色。有兩位學者曾想出幾個有些荒誕的點子，來示範共鳴腔的重要性：

在一八四〇年的慕尼黑，裴里森（Pellisson）教授從他的鋼琴取出一條弦，用兩根釘子將之固定在房間的牆壁上。他撥了一下弦，結果聲音小得聽不見。於是，他在琴弦上方的牆鑽了一個小洞。接著，他在相鄰的房間裡，把鋼琴的音箱緊貼在牆壁的小洞上。他再次撥了弦：這一回，歷歷可辨的清脆琴音傳來。這個實驗證實了，共鳴箱在聲音傳遞上是不可忽略的元素。

他的同事用小提琴的琴弦做了一樣的實驗。他滑過琴弓：幾乎什麼也聽

人類身上的共鳴腔，將大共鳴的元素與小提琴的共鳴箱有一樣的擴音功用，但是前音的

有些能擴音的分子，有利於共鳴，並成為數以松製的聲響，由近似會震動，再將多把小提琴或鋼琴靠近，但在……

我們便可以在這種讓產生振動的蛋白質類似的纖維的構造，在松木中結合起來，因為松木圓柱瓦里史特拉底瓦里後的共鳴箱——這兩個圓底瓦里史特拉底瓦里組成共鳴化——因此，這個共鳴箱所發出的「la」音隨即傳出優美的琴音來。

性蛋白（élastine）在聲帶上起不到的擴音角色，我們主要靠聲帶上起不到的擴音作用，音板即使用共鳴箱的木頭板中的聲音的形狀，眼睛上看起來可思議（ligne de force）的力線原來的功

更有利於共鳴的聲響，由近似會震動再將多振動，而是多把小提琴或鋼琴靠近，但在這種蛋白質纖維的構造，於是連接造起來，蛋白質纖維有助於振動，這分子在此振動，創造出精準、力線（protéoglycanes）所以讓出和諧精準的面

板，類以的松的聲響，近似會震動而是多把小提琴或鋼琴靠近，但在靠近這個共鳴箱內部共鳴，隨即傳出優美的琴音來。

擴音效果獨一無二，而且無可匹敵。因為人類的共鳴腔並非固定不變，是可以變形的。它一共有四層：位在聲帶上方的空間稱為「咽喉」；位在喉頭的椎面上方是咽喉；接著是口腔，最後是鼻腔。

讓我們停留在口腔一會兒。口腔是舌頭的所在地，它之所以是形成人聲不可或缺的構造，要感謝那十七條肌肉。舌頭是一塊神奇的肌肉，讓人發出母音，我們才能言語。因為母音是人聲的基礎，由共鳴腔長度的變化而形成。輔音是我們吐氣的時候，在共鳴腔裡構成的，並非聲帶振動的緣故，因此聲音不規則，泛音不多。說話的時候，輔音的長度不等，唱歌的時候，輔音短促，甚至非常短促。

舌頭的前端可以活動。它後面的部分幾乎是固定的，因為它有很大一部分附著於舌骨上。舌頭是共鳴腔裡活動力最好的器官，能以各種方式來放寬或縮窄吐氣的路徑。吐氣將振動轉送到共鳴腔的空間裡。兩條聲帶產生振動，振動轉變為話語，並為了「成為人聲」而一路行至這座聲音殿堂的大門──嘴唇。

妙的嗓音密切相關。

在任何配合聲音的形成上，若是被動的振動，如果由脊椎許多肌肉包圍，脊椎和腰椎構成的頸椎、背後即是頸椎，脊椎後方則是背和腰椎，環力即是構成的脊椎，骶骨的腰椎、骨骼的腰，是身體軀幹直立的美。

在教數時候聲音是被動的振動，如果特別是幼稚園老師或受過語言聽說，就非得接受專業的聲帶，可能導致發聲而發出來的聲帶主動而產生的壓力的聲帶變成於是協調環作用可能不協調，於是這種協調「協調」一致，使肺息肉長使聲音可以吐氣「吐」，聲音可以被控制，在大多

其次，因此聲音從呼吸中找到造聲的能量，在成人身上，吸入的吸氣的音量，在吸氣時只占了一〇％的呼吸循環當中，我們說話或唱歌的時候吐氣的循環每分鐘十七

段則占了九〇％，也就是說我們說話或唱歌的時候，吐氣的時候以吐氣的循環每分鐘而吐氣吸

● 呼吸與聲音

要項。這是主結構，旁邊會繫著肌肉的力線，就好比一艘船的桅杆繫上船帆和繩索，如此就能讓呼吸及發聲管道發揮最大的效能。

頸椎骨關節炎就像脊椎和腰椎彎曲一樣，會妨礙聲音。溫和的整骨治療，經常是必要的輔助。

我習慣告訴我的患者，要他們好好照顧自己的肺部，聲音就會好好照顧自己。所有尚未戒菸的聲音專業人士，都必須遵守這個建議。其實，每個人都應該遵守才對，只是現在的我們已經不可能光責怪香菸了。聲音還必須面對一個飽受污染、過敏原充斥的環境所帶來的影響。

在說話或唱歌的技巧中，句子、韻律、旋律往往嚴格要求吸氣短促。吸氣短促，吐氣才能快，但因為帶著髒汙的氣流不斷來回，會造成聲帶較嚴重的乾燥情況，因此，使用效果良好的吸入器、噴霧器，幾乎成為聲音專業人士日常生活中的必備。他們必須像運動員那樣照顧自己的發聲器官。

現今這些醫療影像的新技術，以及每秒裡有許多這類攝影機器拍攝四千張的儀器，是相當昂貴的照片，我們卻難得見到其中一兩張的照片。我看見了其中充滿力量的振動，見了物理和聲學的測量設備表演。它的原理就跟力學的振動和聲帶的振動類似，而聲帶的振動顯得平凡，此科技讓我們可以在過程拍下所有的心臟跳動，如此完整呈現了聲音的速度運作。儘管如此，美好及臨床我們還是好面對面動那千張這類影細緻的照片。

聲音的測量：高度、強度、節奏

(1) 高度：高音或低音，是聲音物理量的主要測量現象，重要的音量單位是赫茲（Hz），男聲低音是一〇〇〇Hz，女聲高音是二〇〇〇Hz。

(2) 強度：聲音強度是聲音能量的測量單位是分貝（dB），正常的聲音介於四〇至五〇dB，卡車能產生——〇dB的噪音，而正常的健康門檻是——〇至〇〇dB，可能引發氣喘病產生中耳炎及耳鳴。

（3）節奏：以每秒來測量。就像在樂譜裡一樣，節奏根據各式停頓而有所區別。聲音有二拍或三拍的節奏。比起靜默，聲音的節奏更需要停頓。即興說話的時候，停頓是不期然而然；如果排練過，停頓則是經過預謀，以突顯這個或那個字的價值，這是「修辭上」的停頓。但是，停頓也可以在自己和他人之間豎起一道有等級之分的虛擬欄柵。

大腦、迷走神經與聲帶

但是，最令人感到不可思議的，是人腦能隨心所欲地再現任何一個頻率——do 或 la——的能力。聲帶每次都會找到它想要的張力、長度、厚薄和彈性，並且配合決定音量的吐氣壓力。而這一切是再自然不過的。人類的大腦實在妙不可言！

大腦如此奇特的理由不只一個：其一，大腦是個顛倒的世界，右半腦掌控左側，左半腦掌控右側；其二，雖然我們從頭到腳，全身堅硬的部分都受

走，神經還要配合食道、胃，它命名得多，名字至今不容易，雖然都是同一類以及心臟的細胞和肺那條分支，所以大家就稱它為因為它是這麼漫走神經「迷走神經」或「肺胃訊」

動脈弓右下——是在過，再上行至咽等，不對類的腦，而對延伸帶的分支，因此第十延伸帶的分支，從主腦部通它，

知，對臟器——個精準同時具有運動，第十對——最偉大的鐵鏈，它就偏匠都要其他初的樞作對控制，它控制動作的其眼弄初的樞作對控制，第十對神經控制，（excitabilité）。

悄藏著——在這個精準同步化，例如，對長長的，彷彿那十對它的保護覆蓋著（保護，彷彿那十對它的保護覆蓋著大腦卻幾乎密合相反，我們的在幾乎密合相反，我們的

稱為腦神經都延伸出去到它的肉包覆這些中延伸受到保護肌肉包覆頭部顱骨保護肌肉

經」。

第十對腦神經是神經系統中的「全能先生」，它還是壓力神經，也能收縮消化道，製造唾液與胃液。

聲帶的振動是被動的，而且只能機械性的活動，因此，操控喉頭，情緒及胃酸倒流的主宰，是迷走神經。同一條神經傳導一個矛盾（主動肌和拮抗肌）又牽涉到感覺的信息，在人體中是獨一無二的。如果這條神經生了病或是斷裂，聲帶就會麻痺，聲音就會改變。迷走神經讓聲帶得以收放，它控制聲帶的張力和長度，並讓聲帶在呼吸期間張開，或是在吼叫、咳嗽、笑、哭、嘔吐、吞嚥和發聲時維持閉合。

迷走神經是壓力神經，主管胃液的分泌，並可能加劇胃食道逆流，會對聲帶造成不小的影響。健康的飲食習慣，從百里香和迷迭香等植物萃取而成的吸入物質，緩和愈來愈活躍的過敏狀況等，這些簡單的療法可以讓聲帶有更好的潤滑度，避免聲音專業人士的失聲狀況復發。

69

聲帶的關閉、振動與潤滑

聲帶必須同時發生了關閉、振動也就是震動和高潤滑度，使得聲帶健康也就是避免病變而不受外力或不潤滑的關閉，這就是三個關鍵詞。聲帶的關閉，就像你把兩個手心放在一起，當你把兩手心有關閉的時候就可以很自然放鬆的做拍手動作，但是如果你們是有關閉的手心有關閉的時候，讓兩手心顯示出鼓掌的聲音。

想像同時有聲音，也就是說如果是你的手心有關閉的時候，讓聲音帶再也拍不出鼓掌的聲音來了，而這種接觸的關閉就會讓聲帶出不出聲音來。

以你聲帶的關節就像你兩手心的接觸，聲帶的肌肉缺乏活動勞累就起來不出聲音的接觸變了。因為振動使之無法關閉起振動的關閉就會讓聲帶出不出聲帶的接觸變了雙手的接觸就會產生聲音。因此外，使之無法關閉起振動會產生聲音。

帶會長水分鹼或也會有時候如此。所以，水分不足到要四百四十下，你摸句話就是當聲帶每秒振動四百四十下或就好像如果要燒熱到四百四十下，同樣也就聲帶振動，只能聲如能聲力力。

「A440」的 la，潤滑而再也拍不了手的時候音變得得聽脆的新膜如果沒有斷摩

補擦雙手四百四十下，你們的聲音每秒會需要動手術。有時候會使聲音變得聽脆的新膜如果沒有斷摩

聲帶發熱會造成失能。這就是胃食道逆流時會發生的情形，因為胃酸使聲帶所在的整個咽喉部位乾燥缺水。

有時候，只有振動會受到干擾。在受到細菌或真菌感染的喉炎裡，我們可以觀察到這種情形。這是典型的冬季沙啞症候群。

無論你們的病症為何，無論聲音的問題是什麼，失聲的起因總是免不了會回到這三個關鍵詞：聲帶的關閉、振動與潤滑。

但是，其他狀況也可以歸疚於情緒。只要聲音是情緒的媒介，就會很常見。我們不是常說「這場音樂會讓我說不出話來」、「忍不住屏住呼吸」、「這件事讓我語塞」嗎？我們知道，演員很熟悉的怯場情況，也會廠壓聲音。

環境的熱氣與濕度會修改音色。這個改變會發生在聲音本身，尤其是某些泛音的速度上。那些聲樂家因為自己的歌藝受到這些現象的左右，都很清楚這個道理。在一間空蕩蕩的劇院裡唱歌，和在座無虛席的表演廳中演唱，聲音的質地絕對不一樣，因為三千名觀眾的呼吸提升了表演廳裡的濕度。如果要在燠熱的表演場所或是冰冷的演講廳講台上發表政治演說時亦然。場地清

溫度而增加——氣吸完氣每秒之後三百十七公尺的空氣中是氣分子的擾動，因為溫度升高的時候，每秒三百二十公尺。這就提醒了一下，音速在

氣中是音速在攝氏零度的空氣中是每秒三百三十一公尺，在空氣每秒三百四十公尺，圓形劇場即是每秒三百二十公尺。

「loupe sonore」（圓形劇場那些聲音殿掌握了這個重要的特性，這個重要的特性即是圓形的凹弧，因為圓形的凹孤而聲音隨著什麼，猶如

聲音放音性不同，不同泛音的威力就變，這個音性不同，不同泛音的聲音殿掌握了這個重要的特性，這個音殿的聲音隨著音速在傳遞在純

這樣的振動本身增加，這就是這音是依靠這聲音。依著溫度的話，會有十七公尺的空氣分子的擾動，因為老鴨音化氣中是每秒的圓形凹弧而

的變化就愈大愈高。

氣溫、溼度，溫度十五公尺百公尺的原因。空氣的擾動分子在空氣中的擾動，在水裡卻不會擾動，而聲音隨著什麼，音速在空氣中達速在純

此外，就愈會依著溼度，這就愈是這音是依靠這音。

「同的方式改變歌手的表演廳中，吸收了聽眾數目的多少影響——他的溼度十五分貝的音量——因此，因為的音都會濕了——音就會被環境也不幅

所同的表演廳中，吸收了聽眾數目的音樂家在每次的音樂管弦樂作用，他的回聲度，溼度十五分貝的聲音隨著音的音會被環境也不會大幅

的音樂管弦樂容在每次的中的回聲不同了，因為的聲音隨著就會重新調校樂器——音就會被環境也不會大幅

的中場休息時就此因為他的聲音隨著音的音都會濕——音就會被環境也不會大幅

時間就此因為他的聲音濕，音就會被環境也不會大幅

重新調校樂器。

歌手、演員、律師或政治人物，就跟管弦樂團一樣，創造著無時無刻都在變化並受制於環境的聲波。聲音專業人士的聲音力量，同樣取決於表演廳的聲音反射效果。某些表演廳比其他更適合。有一些劇場的表演廳非常糟糕，聲音撞上牆壁的反射速度太快。如果反射的時間少於六分之一秒，就會干擾觀眾聽懂對白。事實上，我們的耳朵需要六分之一秒來區別兩個音素。所幸聲音的殿堂還不少，這些表演廳簡直是會振動的放大鏡，橢圓拱頂能夠擴大人聲中的泛音。

唱歌、用聲音做效果、辯護、演說，都需要合適的發聲技巧。想要善於歌唱或說話，就非得好好了解人聲樂器不可，讓它能盡情表達情緒。

人聲樂器之精準，令人歎服。在諸多情況下，多認識並理解人聲樂器，可以避免聲音受到意外傷害。只不過，聲音常暴露在一些防不勝防的危險當中。耳鼻喉科醫師和語言治療師的任務，就是在此時產生意義。

嚴重扭傷頸部上的肌肉，所以他才無法輕鬆地說超過十分鐘的話。然後在這種情況就是聲帶本身的問題不...

事實上必須拾起下巴，他這樣做的姿勢。他的時候向左法官，他也是大法官先生，他的脖子僵硬，他補充決判抱怨因為自己聽不清楚，把他的聲音疲勞而來找我，他才描述他身體往前的方式他說...

就必須拾起下巴還是造成他的姿勢。

探足不到十分鐘了，我記得六十歲的R先生...

修復聲音的經典案例

受損的聲音

在聲音，而是聽力。左耳上的助聽器幫他脫離了苦海。聲音會引導耳朵。

　B太太是著名的女歌唱家，她得演唱《茶花女》（La Traviata），但在排練時，她注意到自己在唱高音時，聲音很虛。於是她過來找我。儘管我用影像喉鏡做了非常精細的檢查，卻什麼都診斷不出來。不過，許多以加西亞的喉鏡看不出所以然的聲音病痛，都是靠影像喉鏡，甚至以每秒四千張的高速攝影拍下來的照片觀察，才發現的，這些檢查都深具意義。

　如果我什麼原因都沒找到，通常不會對患者說，他們什麼毛病都沒有，我會告訴他們，我不知道發生什麼事。這是很不一樣的。這種實際的態度能營造出信任的氣氛，讓對方敞開心房。因此，在三十分鐘的對談之後，這位歌手總算向我坦承，她為了治療脖子上的皺紋，打過肉毒桿菌，但是注射時碰到了喉嚨的肌肉（環甲肌）。因為這塊肌肉可以幫助聲音轉變為頭腔共鳴的聲音，所以她的部分高音才會出現變化。除了慢慢等它痊癒，也別無他法了。她不得不放棄登台演出一個月。

導引未來的這台雷射顯影就彌足珍貴。這是我全身的一股電流，難得有機會放手——搏動的手術，允許我這種手術需要透過影像前

「好聲音……」我

她的這一次，手術的保證教我得回她的信任感，恢復她的焦慮。此外她的聲帶非比尋常，而且長有息肉的信任感，恢復她的焦慮。因為迫她的腫瘤導致她不能唱。她的經紀人立刻她不能唱了。潤滑也露出她的 MC 是觸碰較高音的聲音。

我對您有信心，回事——」我知道您會唱歌，但是歌聲帶振動，從海報上結果。

她的反應流露出非比尋常，手術的保證數個月的音樂劇後，恐怕非是她有閉合異常，閉合顯示有結節，令人滿意。她的聲帶出血，且長有息肉。

那很可惜，女歌手希望開刀到她的喉嚨受苦，特別是 IR 的聲音唱出現疲勞。她的聲帶振動的檢查結果顯示有結節，並非是閉合正常的結果有結節。要唱最低音和最高音時，否則我注意的音色和最高音，但是微啞的音色。

準備。首先，我請她讓喉頭休息兩週。因為它太腫了。趁著這段期間，我們治療胃食道逆流。到了手術那天，手術是在全身麻醉下進行，我和一起工作了將近十五年的出色團隊合作：同樣的麻醉科醫師、同樣的護士、同樣的助理。我們發現一塊雙層息肉，第一個息肉裡還藏著另一個。利用雷射來切除，可以避免出血。我們也清除聲帶上的血腫。在手術之後，需要嚴格遵守禁聲十五天的規定。三個月後，她重新站上舞台。雖然相關技術的確幫了我的忙，但是ＭＣ對我的信心，也讓我可以自由發揮醫術。不只是我的經驗歷練，還有某種介於藝術與科學之間的未知物，引導著我這雙外科醫師的手。

五十九歲的ＳＡＰ律師是我多年的舊識，他的故事又不一樣了。他帶給我的聲音問題，對聲音的力量而言非常具有意義：「我的聲音會抖，我再也沒辦法辯護了。」想到要發言，我就很焦慮，永遠不知道自己辦不辦得到。這種感覺纏著我不放，我根本無法專心在辯護內容上。將近四個月來，我的聲音愈來愈沙啞。醫師別人開了一些治療過敏性鼻炎的類固醇鼻噴劑

他上來我打斷他：「我解釋一下，爲什麼」

我打斷我的聲音跟自己的聲音傍根本注意不到了。然後他咳嗽得有時候幾乎要會嚕到我。我沒辦法辯護了還是沙啞的，但是我但是什麼都不管用，我導致在咳得更厲害，有時候還有種是在咳的，但是什麼都不管用來。我必須不斷申請力護的聲音後開一好像不是自己的特別是什麼管用，我沒辦法辯護了還

他說：「

這個令人痛心的聲音破音再也無法傳達我的想法。在折磨我的短暫猛烈的咳嗽打斷我的關節動得太快聲音

情況，只是他乾咳，可是他爲他咳嗽把自己的喉嚨也在咳。他的聲音聽起來類似餐飲之間造成哮喘。我仔細研究後發現他有種種嚴重的影響。喉液湧上喉頭的感覺，總而言之，落到喉頭的檢查，沒有什麼方的沁有聲音後，他檢查特別嚴重的。所

觀察到的情況似乎無害，我本來可以幫他省下四個月的焦慮呢。

他的聲帶可以動，但兩條都有感染的情形。只是黴菌感染罷了！不過，事情沒這麼簡單。黴菌怎麼會出現在那裡？喉嚨裡持續有刺癢的感覺，是黴菌的特性造成的，但這個現象為什麼才出現兩個月？他的胃食道逆流是抗生素和類固醇無法治療的，而咳嗽會引起腹部收縮，所以加重了胃食道逆流。我們一方面治療黴菌和胃食道逆流，但是我也開抗焦慮劑給他，因為他的焦慮從不間斷。兩週後，他的聲音恢復功能，能夠傳達思想，代表聲音找回它的力量了：修辭藝術與辯才兼具的說服力。

三十二歲的ＢＣ太太是幼稚園老師。她在帶著班上小朋友唱高音的時候，突然感到脖子右邊的喉頭處一陣劇痛。她繼續排練，但是很快的，她的聲音直直落到低音，然後就不見了。她只能暫停排演。她憂心忡忡，淚流滿面，懷疑自己的聲帶是不是受傷了。

我用手指碰了碰她的脖子，沒有發現任何異常，毫無值得一提的特殊感

堆在焦慮，對藝術家的表演都是很重要的。於是她來找我。

及焦慮感，LM是一個上台前的表演者——歌手、音樂家、演員，以及所有上台前有聲場壓力、焦慮感的人，對藝術家的表演都是很重要的。

結論是她有血管（phlebotonic）擴張的問題。她希望在月經前五天開始服用消炎藥，消炎藥在月經前總會讓聲音變得很脆弱的症候群，可以讓聲帶恢復，再搭配綜合維他命、維他命B、C，完全恢復，從此再搭配血管擴張的做血……太必藥血。

LM希望這個療程來得及，在每次月經來前五天開始服藥，連續進行十天。

覺得很沉重，沒辦法隨心所欲地使用聲音，每次月經來前四、五天，她的聲帶仍會出現水腫，但是現在……

什麼事？她解釋說，此時她的聲帶修改了它的密度，並沒有失去活力，聲帶的兩條肌肉都發生了軟……眼瞼都重……減了。

業人士，如演講者、教師、律師、政治家、外交官，都是懼這種情緒失調，不過最受威脅的還是歌手。

上台表演時，歌手不再是自己，而是要把自己當成藝術家。β受體阻斷劑是一種可以緩解壓力反應的藥物，在某些怯場過於嚴重的情況中會使用到，只是這種情況很罕見。

蒂琳‧狄翁舞動她的聲音。她的歌聲、音色、泛音，讓她在流行音樂界的地位，就像歌劇界的卡拉絲。從她自然的唱腔中可以聽出誠摯。她的聲音既脆弱又威力十足，感情豐富。無論是身為藝術家或常人，都是吸引人的嗓音。

幾年前，她在拉斯維加斯凱撒宮的圓形劇場做巡迴演唱，唱得有點辛苦。當時她患有輕微的咽喉炎，但是喉頭檢查結果並未揭露出什麼異狀。我與陪同她到圓形劇場的歌唱教練比爾‧萊利（Billy Riley）討論後，發現了問題所在。為了讓坐在最後面的觀眾也看得到歌手，舞台被搭建成一個傾斜，找

牙齦上牙齒的聲音，舌頭便無法再構成某些的輔音，因此構音就會失準。

老年人隨著年歲老化，牙齒及牙齦層層退化，例如聲帶的保養程度，我們的軟骨提早發生自然的損音問題，因而容易罹患老化的現象，某些老化的音色。另外我們也會因為退化的聲帶權衡作用，聽循環的界限，這時候也發出此聲音，而是嘴巴保持送出聲音的要點，抑鬱與別人溝通。

有牙齒脫落的聲音的早發性老化，那會刺激老年歲化，他們的界限，作用環的音色……這時候就必須考慮治療牙齒，一旦嘴唇黏沒——且嘴唇會招致人溝通

除了受傷眼睛及環境重身打造的歌唱的假設待了自己的聲音被迫琳在找出了導致地的配合，導致地的身材琳被迫採用了錯誤的姿勢，導致地的聲音的身體迫切發現了強迫採用了錯誤的姿勢，導致地的聲音威力，多次取代了手術刀。我們必須正視，在演唱的舞台上，我們必須懂得在拉斯維斯的坡度傾斜的坡度

為地量身打造的歌唱教學別忘了導致唱聲音的身勢有多麼重要，長此以往可能過度地聲音前的狀況加劇地是聲音前

在演唱造成讓她傾斜的坡度八度的斜坡

需依賴植牙。

擁有健康嗓音的十二個方法

多年來，我不厭其煩地提醒患者要維持健康的生活型態，這些建議看似不言自明，卻太常受到輕忽，特別是在聲音表演或是每次公開發言之前。

(1) 手機讓聲音很快就疲累。這是為什麼？因為聽不到回聲，少了反饋音（rétrocontrôle），讓我們說話大大聲。講電話的聲音比較大、比較高，所以比較累人，因此在任何聲音表演之前，務必避免長時間使用電話交談。每個人都碰過這種情形，而且有時候會破壞我們的心情：你們幾乎聽不到隔壁桌交談的兩人在說什麼，可是只要他們其中之一開始講電話，你們的耳根就不再清淨了。耳膜可沒有開關啊！

(2) 遠離冷氣太強的表演廳，尤其不要在外出時遇上劇烈的環境改變，例

導致的很嚴重的時候，常常被嚇發炎。同樣，經常讓本人和周遭的人不舒服的胃酸胃酸逆流所

壓力很大的時候，胃常被嚇出毛病——一樣，胃製造的胃酸增加，其實是胃食道逆流，多於必要的胃酸的分泌所致，胃酸逆流後就會使聲音甚至是聲帶流個流跟氣半疲

死，勞聲嚴帶——胃能容納逆流，反胃嘔大量的氣。喉嚨長出不具腐蝕即胃甚至功能性的上方，增加的慢慢就是喉頭炎逆流，可能引起食物並灼傷——食道。

眼氣消耗會讓聲帶變得太乾燥，才能避免增加消化器官的沉，每頓的餐點的餐荷，太油膩的餐飲會招致口臭，因為這過程都

（3）會讓聲帶變得太熱太乾燥或太潮濕或是在聲音表演前優跑或唱歌，因為這過程都

(4) 如果在演出、政治集會、長時間辯護或主持座談會之後，與朋友在餐廳會合，我們往往會提高音量，讓其他賓客聽見自己說的話。要知道，想讓人聽見自己的聲音，音量就必須比背景雜音高出五分貝。所以，我們才會在聲音專業人士的聲帶上發現血腫或是肌肉輕微拉傷，這些情況很少發生在台上，卻總是發生在慶功宴之後……就好比他們剛跑完馬拉松，休息十五分鐘後再繼續跑百米。他們的肌肉無可避免會拉傷，特別是如果他們喝了白酒、香檳或粉紅酒。這類酒精都會讓聲帶乾燥。

(5) 機艙裡的引擎聲是七十分貝，所以必須以七十五分貝的音量說話，才能讓人聽見。而且機艙內的濕度只有三%，不容易保持聲帶滋潤。因此聲音容易疲勞，黏膜也會有出現小血腫之虞。如果喝下一小瓶香檳，更會讓聲帶加倍乾燥，等我們抵達目的地，就會失聲。這就是為什麼我強烈建議搭乘飛機或高速火車期間，要經常喝水，少說話，而且不要喝紅酒以外的酒精。

(6) 在潮濕、太熱或過於乾燥的房間睡覺或待久，都會妨礙聲音的美好表現。

(7) 衣著也有它的重要性，不該穿太緊或過久、對你的防間睡覺或待久，都要避免穿著領子太緊的襯衫及現減。

(8) 在聲音表演前，我們不該重擊太緊或過久，吃一頓清淡的飲食。例如避免黑胡椒、大蒜和義大利麵的餐點。我建議在演出之前，簡單的食物，如豬牛排或豆腐肉，比較好！

(9) 乳製飲料和奶酪——喝乳製品，彷彿有什麼東西讓喉嚨內壁附著一層帶黏性黏液之薄膜，好像能使口腔變稠一樣，讓人不斷清喉嚨，如果有團黏食物清。

張意，或咖啡、柳橙基礎（奇異果、低汗糖的瓜果材料為聲音表演前的基礎）；也盡量少喝，原則上是要在表演前二十分鐘，我並不是要你們在表演前二十分鐘。我會引發任何不適。我們需避免黑胡椒、大蒜和義大利麵的餐點，禁止補充流動而是公升的水，總會常喝水或豆奶肉，我們必須飲料，例如在室溫的飲料，聲音表演造成，可以搭配半杯運動飲料之前和猛烈的食物，如簡單的芒果食，可以搭配半杯運動，配半杯運規重要的茶木。

道逆流的現象，這種感覺就會更強烈。聲音在十分鐘後就會中斷。

牛奶中必要的蛋白質（八〇％）──酪蛋白是一種主要的過敏成分，會像膠水那樣黏在咽喉壁上。攝取含有酪蛋白的食品（牛奶、乳酪、鮮奶油）後，食道的黏膜會出現反應，並產生組織胺（受過敏原刺激而釋放出來的物質），黏液就會變稠。這就是為什麼許多胃食道逆流的情形，都與過敏體質有關。我的治療會雙管齊下，一方面使用抗組織胺，另一方面對付胃食道逆流。我得補充一點，由於汙染益發嚴重，過敏這種病症愈來愈普遍，我們忍受過敏的門檻愈來愈低。現今來找我的患者中，有將近三分之一遭受過敏之苦，但在二十年前只有一〇％是過敏患者。

我想到一件趣事。席琳‧狄翁向來格守這些建議。她生下雙胞胎後，會停止唱歌好幾個月。她在一場訪問中說：「乳製品會讓我的喉嚨產生許多黏液，是聲帶的大敵。在禁止食用乳製品那麼久之後，現在終於可以享用我最愛的乳製品，真是太棒了！」

聲可或員，各專業人士都可以靠這些聲帶變音，所以幾乎所有的酒類都含有汗量的硫酸鹽。因此在聲音表演之前，尤其是波爾多紅酒，而且還多喝酒用白
我的缺乏，各種演說上都可能會臨得障嘛，甚至頭痛。大部分的酒硫酸鹽的酒，因此香檳得乾燥。雖然現今大部分的硫酸鹽比較少，再者含有汗是波爾多紅酒尤其是波爾多紅酒。禁止飲用白
其建議這個保持運動習慣。因此硫痛的症相關的。硫酸鹽會引起五%的障喝可以同時。它也會使喝酒會增加排尿，禁止飲酒的體液啤酒這

（10）幾乎所有的酒類都含有汗量的硫酸鹽。禁止飲酒的

（11）十五%的歌手在演身甚至頭痛症鹽後在五%的時時有流失是不會改變聲帶變得乾燥同時。

力與思考的武術。這些活動能夠讓聲音充分發揮。

(12)我們終其一生都必須鍛鍊自己的聲音，以避免聲帶的肌肉萎縮，還有隨著年齡增長而產生在聲帶上的骨關節炎：環杓關節炎。

我的某些患者觸碰到美和誘惑，此患者官覺器緊相是聲音事業，依相聲音專業人士……教師、律師、記者和歌手或演員，這音手或顯微的顯微（……）他它只。

聲音與情緒的關係

另一個範疇：情緒。

我想要解開聲音的誘惑和魔力，醫學和科學想要解開聲音的誘惑力的謎，有時相當於無法參透的振動。那麼擁有一把那是那胡迪‧曼紐因（Yehudi Menuhin）⑩就是那一種魔法，也沒有什麼用。了解聲音的機制固然重要，但史特拉瓦底里和通曉它製作的秘密，即屬於，或艾薩克‧史坦（Issac Stern）⑪的魔力，我們寫下了數樣，即屬於。

聲音的誘惑力

們提到自己的工作工具時，就像在提需要「校準」，「調音」的樂器。人生的傷疤會塑造他們的聲音：受損的，破鑼嗓，嘶啞的，這些傷疤鍛造出一個非固定的，會隨著時間演進，符合他們情感世界的個性。

聲音有意想不到的魅力。聲音的美沒有一定的標準。聲音界沒有阿波羅，也沒有維納斯，硬要這麼說根本沒有意義！

無論是在男性或女性身上，其音色，音樂性，泛音都屬於個性的一部分。用聲音去影響他人，表示內在散發出光輝，振動他人，讓人安心，為他人鼓舞或是注入一股電流。

若是把人聲，其魔力及個性簡化成能說話的基因，神經遞質，口咽部位的活動，聲帶，布洛卡區或維尼克區，就如同描述一幅畫和它的用色時，只局限在紅色，綠色或藍色的波長，而不去領略作品的和諧美。雕刻《沉思者》的羅丹也好，或是脫去大理石塊，「釋放」摩西的米開朗基羅也好，他們的確都是技藝不凡的人。然而，「創造」這個詞的本義，指的是嶄新的，

感的振動。

我們也可以把多芬的奏鳴曲，也可以從化學、生理學的角度來分析，心理學當成生理學的現象，這是我觀察到大腦的生理現象，這是我們可以解釋它的原因，它只有樂句和旋律的情形，只是造成的聲音振動。但是當我們凝視著科學所賜生理學的奏鳴曲，這也可以把那種科學河所賦予的，有種無法檢驗其他範圍的東西……他把其他的東西送到我們可以解釋的地方，一種充滿透徹我成們，但是這已經不再是科學，那是某種銀河管轄範圍的東西……數剖不同的影像可以從化學、生理學的角度來分析它對人類研究它只是有樂句和旋律的情形，只是造成的聲音振動。

是常帶給神性的「天后」（Diva）嗎？

詮釋，聲音藝術在存在過的，而且是再造的，與科學本質背道而馳，我們不著了先天生理或是藝術家對聲音藝術的磨練，威爾第（Giuseppe Verdi）的《茶花女》曲，那種無法想像技巧之外，也需要用語言表達的……莫里哀（Molière）《貴人迷》（Bourgeois Gentilhomme）的……也許帶著神秘生理上的稟賦和獨特技巧之外，也需要用語言表達的未知之物，以及某種觸覺的創造性。除了我們不著……

　　聲音要有誘惑力，就必須像音樂一樣，旋律和用字都得讓對方能猜測或隱約感受到接下來的話可能會令他安心，就好比一段音樂讓我們預知後續，好像來到了老地方。但是，只要走了一點調，我們就會被擾亂，聲音的誘惑力就喪失了。說話時，如果聲音上揚，這個「漸強」（crescendo）必須循序漸進，不要突兀地發出一個高音來，否則可能會讓氣氛變僵。「漸弱」（decrescendo）也一樣，聲音必須隨著泛音持續下去，不要在兩段頻率之間硬生生中斷。被誘惑的一方，必須在不知不覺中預知誘惑者要說什麼，這樣才能升起同理心和信任感。這個道理也可以運用在透過媒體傳播的聲音，以及政治人物與領袖的聲音上。

　　在誘惑的情況下，兩副嗓音交流，調情，有時互相挑逗。這樣的誘惑一定是依靠聽覺，甚至在沒有所謂交流的狀況下也是，例如，電話留言或是透過無線電傳聲。

打第一次透過他的聲音的誘惑——他們才是藝術家。

釋放了結一次過聲上設的眠候，多巴胺和權衡素，這類小的荷爾蒙分子使心應在時候是情緒，則像我剛剛。我們透過聲音的誘惑，手心冒汗通常都很緊張，有時候是色情的爬蟲類大腦在作怪，有時候至終都是情緒，則像我剛剛像我剛剛使它跳加快了剛剛像我。

試著改善，或他們似乎不受了自己不剌了的麻的聲音，就像被了自己的磁性嗓音，他們的磁性嗓音和包和耳朵的鑰子，那種和諧不自在，我像他們的願望其實是，那樣這些患者願望很少成真，只是聲音的意者則想要更低沉或更尖銳，大多數都對醫師自己可以做出像傑洪杰（Macha Béranger）、黛芬·賽芮格（Delphine Seyrig）的聲音，那實種聲音人讓意亂情迷，我可以愛上一個聲音。我就認識一些人，請我算算他們做出像蒙芬的聲音的製琴師，那種聲音製琴樂器的雙聲（voix bitonale）的

⑪ ⑫ ⑬

荷爾蒙對聲音的影響

撩人情慾的聲音，需要動用到大腦的兩側半腦（右半腦是情感，左半腦是理智）、邊緣系統、職掌衝動的爬蟲類大腦，最後是荷爾蒙。邊緣系統牽涉情緒反應，其中的海馬迴與理解能力和感知聲音的能力，尤其相關。

在大自然界裡，黑金剛會敲起胸膛，一邊吼叫，來表現他是雄性領袖；獅子會怒吼，嚇退競爭對手。那人類會怎麼做？體能和聲音一定有關係嗎？

在許多狀況下，聲音裡的一些線索，可以讓我們推測一個人的體能狀況。就算只是透過電話，聲音一樣可以讓人猜出對方的體型。

加州聖塔芭芭拉的葛瑞菲斯大學的艾倫‧賽爾（Aaron Sell），完成了一項令人矚目的研究：兩百名不同文化背景的男性，有美國人、波利維亞人、阿根廷人或羅馬尼亞人……在進行體能測驗之後，用母語說出一段簡單的句子供人錄下。這是因為說母語的時候，聲音能保持自然，是他們真正的聲音，不帶任何口音和偽裝。

賽爾蒙就毫不含糊，一些美國女大學生聽這些錄音，就毫不含糊地，這些男生聽這些錄音，再以這個準確得驚人的方式，僅憑聲音就能判斷這個男性體內的賽爾蒙濃度。

我們聲音相當可靠的資訊來源。

解釋男性的某段時間賽爾蒙濃度的高低，這些距離我們在暗夜裡保留下來的祖先得懂這個概念。低頻的音色有發達的肌肉組織的影響，雄性能拿照片給她看，都能從她們的眼光就能說出來推測每個人的體能，她們的眼光都能遠能結。

如，男中音雖然發音，但中音顯得高大，但是雄鹿在秋天發情時會讓母鹿覺得高大，但是這種響亮的聲音卻不會讓母鹿解讀為通常不會變得相對人類的象徵，而聲音變得愈低愈能吸引子長，而形貌有爬蟲類立即引母鹿，類是擁有粗獷而且線索提供爬蟲類大腦的，型態為顯為紮實聲。

動物低沉的分泌量增多，我們聲音相當可靠的資訊來源。常低的分泌量，我們聲音相而是生俱有的身材而是性的某段時間解釋賽爾蒙就毫不含，這個人的體能，她們的眼光都能遠能結的過程旺，都能從她們的眼光看，都能光遠能結。現出是因呂是等，乳非

我們在服用雄性荷爾蒙類固醇來訓練肌力的男性或女性身上，也可以觀察到聲音的變化。聲帶和二頭肌一樣都是橫紋肌，直接受到能增加身高的雄性荷爾蒙影響，於是聲音的音調變得較低沉。我們還記得東歐以前那些女運動員，由於服用類固醇，有著男性的外形和肌肉組織，簡直雌雄難辨，她們的聲音都變得很陽剛。我用雷射顯微手術幫幾位女運動員動過聲帶手術，讓她們「恢復女聲」。這個手術只不過是縮小聲帶的體積，有時候還有長度（這種手術也可以用於變性人）。

● 睪酮與音色

不過，睪酮、肌肉組織和音色的確存在一些關聯。只是事實稍微複雜了一點。低沉、沙啞、嘶嘎的音調，並非與運動員般的魁梧身材同時並存。在賽爾的實驗中，他並未觀察到低沉嗓音與肌力之間有必然的關聯。

低音的立體感取決於高音。一顆璀璨的鑽石，往往需要珠寶盒來突顯，同理，少了高音這個珠寶盒來襯托價值，低音就會失去它的魅力了。

男性的聲音，並把錄下幾位低沉嗓音特別吸引女性，也取決於月經週期——羅伯・E・約翰斯頓（Robert E. Johnston）於二○○約二○○五年發表的研究顯示，女性在月經低潮期中間（排卵期），都把幾位被選為低沉嗓音的男性選為最性感，而那結果，低沉的男性嗓音特別吸引女性，也取決於月經週期。

於月經低潮期中間（排卵期）都被選為幾位低沉嗓音的女性的關係造成低沉嗓音的男性，以及幾位天生嗓音中的男性。

耳朵不只聽得出決定音高的基頻，還能辨識泛音，由此可知，我們的

加上這些磁性音色意味。

毫無疑問，這是兩性身體拆解我們相想到的神祕事物，那是因為聲音有時候會洩低音會讓全身充滿誘惑力和魔力，但是這個性感的原因。希凡尼（Don Giovanni）是男中音，低沉的嗓音就會讓人對沉淪的危險，在這種荷爾蒙的衝動下，那種嬌美人身上嗓音的要素。

更低沉的音會讓聲音令人聯想到的神祕事物，那是因為聲音有時候會洩漏，我們

單靠幾個音就知道聲音充滿了。

的！

二〇〇三年，莎拉‧柯林斯（Sarah Collins）和卡洛琳‧米辛（Caroline Missing）想知道哪一種女性聲音對男性來說具有誘惑力，便讓十八至三十歲的男性聽取同一年齡層女性的聲音：聲音聽起來愈年輕的，愈會中選。

聲音的誘惑力似乎不分性別，總是離不開生殖力。我們可能以為男性，像男高音，會因為他們的高音而中選，而花腔女高音拔尖的嗓音會因為誘人而廣受欣賞，但事實上並非如此！男性和女性都受到低沉的協和音（consonance）吸引，最後勝出的是睪酮！

我們知道聲音的誘惑力量深受睪酮支配。沒錯，要維持性慾，女性血液中的睪酮量至少要一五〇 μg，男性則是一五〇〇 μg。這個荷爾蒙的祖先是費洛蒙，它是性荷爾蒙。

我們拿鳥類之間的誘惑行為來舉例。鳴禽幾乎總是雄鳥。有一個以斑胸草雀（diamant mandarin）為對象的實驗。在雌鳥身上注射睪酮之後，他也

人需要對一種接近而言——對男性和性動有願意讓人、誘仙欲死的感覺才行。在這個感覺一定會導致交歡或是性慾。誘惑的本身就是在誘惑，誘惑需要有個想法後，需要有個繁衍的訊號，它的振動會發送入接收的訊號的振動，啟動迴路神經的對象，能引起某些生理刺激。人聲就是媒介，但也總歡某種觀，以及費洛蒙具有願意接近和性動有振意，荷爾蒙的分泌。

聲帶來的美好感受

超是雄鳥，他能唱歌了，但是身音域更廣，也是觀察到鳥禽界更加肯定了他們的右腦是雄鳥的，是荷爾蒙的學者在右腦區域同體，他們的雄性比在左腦發達，他們的歌有重要性，好符合雄性的這個區域能力比這個區域好普通「普」的雄鳥們既是雄性符合雄性的鳥們並不畫地里內利（Farinelli）。

加州大學的學者羅伯特・亞嘉特（Robert Agate）並不畫地的斑陶性的雄鳥既有睪丸，又有卵巢，雌雄同體的雄鳥，他們的斑陶性那浸高地

情緒、誘惑和荷爾蒙是環環相扣的。我們的爬蟲類大腦及大腦邊緣系統的反應，會導致下視丘分泌荷爾蒙。光是聲音振動就足以引發在美與誘惑之間，肉慾與銷魂之間的激情汪潮。真是驚人的化學作用。

「聲音」這個人類的音樂，反映了人類的人生，或更確切地說，它反映了我們的過去、苦痛和喜樂。聲音的誘惑力有好幾個標準。人的聲音能夠喚起某些我們已經經歷過的，連結了歡快與偷悅的印象。因此，記憶中母親聲音的音調，終其一生都是主要的標準。同樣的，別人哼唱的旋律，也會刺激鏡像神經元。

我們可以在電話裡聽見對方在微笑。這是嘴巴和喉部的共鳴腔製造的效果。當我們帶著同理心或是「含笑」說話的時候，會收縮顴骨的肌肉，聲帶就會縮短，嘴唇帶著笑意，眉也開了。諷刺的聲音則幾乎完全鼻音化，音調低，嘴唇變厚，眉毛高高吊起。兒童的聲音是脆弱的，我們只能傾聽。悲傷聲音的特性是音色微弱，緩慢低沉，幾乎沒有抑揚頓挫，甚至破啞，哀哀含怨。表達驚訝之情的聲音，則有許多泛音。在無聊發慌的聲音裡，句子間的

低音都是惡人嗎？

聲元。

每一種靜默聲音都有自己的意味性，如果聲音極為讓人易辨、而非日常對話所用，情感、同情和他人的力量，用虛弱無力的感覺，和諧地讓其他人等待下一句話（enjambement）⑭。

聲音會比較大，有一些靜默並不真誠，音色虛偽。每一種靜默聲音都帶有那麼一絲絲誘惑力，甚至能引起反感或厭惡，這就是諂媚的聲音。

聽見一種聲音，此靜默多或失敗的屈訴至高音會上揚，備齊的聲音，音色較低音節，因失望、失戀、無精打采的氣媚的聲音。

歌劇中的男高音，大低沉的分泌和權能夠染心，悲傷功於鏡中的男高音反而於一句話。

子眉的產素能夠染他人、笑的分泌和權能夠染他人等，最後比較低音節，因失望的柔美，高音卻是增字人友善和諧體貼的感受。

得冈洛豪值下降，高音卻是增字人友善和諧體貼的感受，而男聲都是英雄而讓會使，英雄而讓會使神經。

一副嗓音的官能美，往往建立在不規律的聲音振動上。日耳曼文化中的羅蕾萊（Lorelei）[15]，不就有一副誘惑人的嗓音，甚至招致死亡嗎？人魚不是透過令人無法抗拒的歌聲，吸引水手前來嗎？意見領袖沒有利用個人的振動來感染人群，催眠群體嗎？西哈諾‧德‧貝爾熱哈克（Cyrano de Bergerac）[16]在表妹羅珊娜（Roxane）陽台下的悲歌，透過文字音符譜成的和諧音色，迷惑了少女。然而，西哈諾的聲音固然充滿誘惑，卻不似唐璜（Don Juan）[17]。唐璜式的聲音只是個誘餌，因為聲音無法說謊太久。聲音是靈魂的鏡子，會暴露一個人的個性。它那耀眼如日的光會透過自我的稜鏡，散射虹彩，其中色彩的微妙差異則是個人不一。

每副嗓音都充滿了個人故事

有些人的聲音隨著年紀增長，變得比較令人安心，帶著呵護的感覺，添加了一點誘惑力。其他人的聲音則會隨著年歲變糟，有時候必須透過聲樂老

音，患者獨特的為奴隸的喉音帶有得見奇異的美感受損，正摧，正有毛病變了我們的聲音已經過那是那種運正常的聲音反映我們音反映的個性。

然，標準又是什麼呢？我聽見藍調歌手路易・阿姆斯壯（Louis Armstrong）⑱唱歌，我認為他的聲音在臨床上是有毛病的，但我在他沙啞、粗糙、受損的聲音裡，聽見他那正常的聲音。只能說它有個粗糙、受損的個性。

完美的聲音並不存在。誘惑力、魔力，美妙和吸引力，往往源自不完美的聲音。

摧損，使人逐漸失去信心。然而這種情況會變動，聲音有時候會因而變得沙啞，有如擦金屬似的抗外來的侵襲，以便恢復聲音的美妙及魔力。

聲音是一道治療師、語言治療師或醫師的輔助，以便恢復聲音的美妙及魔力。

瘖啞，而這種情況會變得沙啞、瘖啞，有如擦金屬似的平板、嘶啞哽咽，傷痕因此受傷，留下

聲音的誘惑力、魔力、美麗，能讓他人感受到我們的七情六慾。

如果我評估他的聲音是真正的嗓音，真誠不偽，與他本人和諧如一，我會勸阻患者動手術。只有在聲音與本人極端不協調，或是本人如此覺得的時候，才需要求助外科手術。

說到這裡，有一位刑法律師的故事相當令人銘心刻骨。她的聲帶水腫，聲音非常低沉但不失女人味。她要辯護的對象，都是攔路搶劫的流氓，監獄走廊就是她的世界。她的聲音是個相當厲害的王牌，這個介於阿蕾蒂（Arletty）[19] 和西蒙・仙諾（Simone Signoret）[20] 味道的音色，給了她一個強烈的個人風格。但她想改變聲音，來取悅她口中的那個「男人」。

雖然我拒絕為她動刀，但一位同事接手了。手術後的聲音似乎非常美妙悅耳又高亢，她滿意得不得了。但是很矛盾的，她的聲音也失去魔力，不再性感了。因此，她苦澀地後悔動手術，她的男朋友因為認不出她，就拋棄了她，她那張「聲音的臉」已經變了。這件事說明了個人聲紋的重要性。這位

症聽者力量和節拍之節奏感密切的相關是因為人熟知的相關聽智可以融入這旋律規則的音如的音樂速度（tempo），是有被教導過的如果音節奏的海豚及照時按海豚的變動所聽過的音樂節奏帶有獨立能也時地打起節拍。

這種權上。當我們只消聽見一段幾秒鐘的音樂，就可以知道這個音速度……樂音普世共普通，音刺激我們存在於各種文化之中的樂音力量和聲音，腳就會不自覺地跟著音樂節奏帶有獨立能也時地打起節拍的神

力、聲音和樂音都是普世共通的，音刺激我們存在於各種文化之中的樂音力量和聲音，無庸置疑的兩者的神祕

兒時音樂的療癒力

因為我的證言相當可怕。每次我認不出自己的聲音了。「……」我說出自己的聲音了。我用原本的聲音，我輸掉每個案件，夢作那我

律節的證言相當可怕而精神分裂了。

和唱歌，幾次復健下來，就可以大幅改善患者的再適應能力。

為什麼兒時的音樂會影響患者的腦神經狀態呢？因為懷舊感的「連結與同理心」力量，相當不同凡響。聲音若搭配了能激起懷舊感的音樂，它的力量就會深刻影響每個人，理由是它喚起了我們過去某段時光的場所和歡笑，或是已逝青春的回憶。

個體比較容易受自己生命中某個特定年代的迷惑，常常回憶起那段時光。你邀請心上人上餐廳，你的聲音甜蜜又動聽，你細心挑選的餐廳裡播放著能喚醒邀請對象人生中某個年代（十三至二十五歲）的音樂。你們受魔法催動，相互誘惑，彼此分享著歡愉。食物、氣氛和對話，全部都變了一個模樣。情誼與慾望之間的和諧誕生了。你的聲音聽起來充滿善意，體貼，好似傾訴衷腸。要如何用科學來解釋這些行為呢？這是俄亥俄州大學的教授大衛・休倫（David Huron）的研究目標，他邀請四十至九十歲的人談論自己的過去。超過八〇%的話題，都圍繞在十三至二十一歲這段時間。

惑力的那個聲音的魅力一起。

至於催眠力的那個聲音的獨特魅力，只有詩人或文豪才能描述得了。像是那能與聲音達到名至實歸的神秘而獨特魅力，進科學的檢驗。它的力量再度逃過科學在作祟嗎？多爾貝以名至達到的神秘的獨特魅利誘

聲音的獨特魅力

感的音樂和性需求中扮演了很重要的角色。（催產素值得一提的是男女青春期正在散發受到甜言蜜語的音樂中被最旺盛的時候，就會分泌催產素超過十二至二十秒這是分泌的音樂，無論這是生男是女——一個青春期轉大人的過渡時期，能導致催產素分泌的催產素。

文生催產力之下的解答催產素中，在科學的解答催產素中，這是慾望及青春期情意中的性荷爾蒙也因。（催產素分泌其十二至二十秒這催產的音聲搭配了具懷舊私人威權

（Barbey d'Aurevilly）㉑寫得實在佳妙：「我們用聲音這把金色剪刀，將我們的思想鏤進聽眾的靈魂中，刻下誘惑。」沒有人能詮釋得更好了。

　　充滿獨特魅力的聲音，是一種餘音繚梁、穿越寂靜的聲音，就好比鋼琴的制音器踏板能讓和弦及尾音延續迴盪。

　　「最重要的不是說了什麼，而是對方理解了什麼。」這是有獨特魅力聲音的基本規則。活力、內在力量、真摯看待我們的人生任務及人生觀，就是獨特魅力的來源。就如同一呂克·蒙桑佩斯（Jean-Luc Monsempès）㉒所強調，獨特的魅力讓人發光發亮。讓他人從我們的演說、同理心、付出而不求回報的需求中獲得啟發，這就是獨特魅力之鑰。

　　但是，我打從心底認為，「獨特魅力」這個神聖的稟賦、個人的魔法、無法言傳的力量，就在我們每個人體內。瑪莉安·威廉森（Marianne Williamson）㉓的說法令人拍案叫絕：「如此出色耀眼、才華洋溢又美妙絕倫的我，是誰？那你們呢，你們又何嘗不是？」

【譯注】

① 曼紐爾‧加西亞（Manuel García, 1805~1906）…一位西班牙的著名聲樂家、作曲家，是十九世紀紅極一時的其他兩熱唱時...

② 瑪莉亞‧馬里布蘭（Maria Malibran, 1808~1836）…法國次女高音歌手，二十八歲即香消玉隕。是十九世紀的著名聲樂家、作曲家，比起作曲家樂團指揮而更熱唱的其他兩...加西亞父親是一位西班牙的著名聲樂家、作曲家，而自己出身聲樂世家，於教學，加西亞曼紐爾是...位教學家、加西...

③ 寶琳‧維亞多（Pauline Viardot, 1821~1910）…法國次女高音歌手，亦是作曲家，她是馬里布蘭的妹妹。維亞多出身音樂世家，父親即香消玉隕，二十八歲即在拖欠診金中過世，也差十三歲的妹妹的聲樂家，因為馬里布蘭...

④ 馬里奧‧德‧摩納哥（Mario Del Monaco, 1915~1982）…義大利男高音。

⑤ 古斯塔夫‧赫林‧格魯德辛斯基（Gustaw Herling-Grudziński）…波蘭作家。

⑥ 阿拉姆語（aramaic）…古代中東的一種語言，也是少數歷經了數千年仍有人使用的語言。原書書注：大腦給你止不住的驚奇

⑦ 原書書注：《Votre cerveau n'a pas fini de vous étonner》，由鮑里斯‧西呂尼克（Boris Cyrulnik）、讓-米歇爾‧烏古良（Jean-Michel Ougbourlian）、提耶里‧揚森（Thierry Janssen）、克里斯托夫‧安德烈（Christophe André）、派提斯‧范‧艾塞爾（Patrice Van Eersel）合著，亞爾班‧米榭出版社（Albin Janssen）出版。

⑧ 嘉羅（Garou, 1972~）…又譯胡胡，本名皮埃爾‧卡弘（Pierre Garand），著名的英國藍調搖滾歌手，曾演出音樂劇《鐘樓怪人》…於二〇一一年出版。Michel 魁北克的著名歌手。

⑨ 喬‧庫克（Joe Cocker, 1944~2014）…著名的英國藍調搖滾歌手。

⑩ 耶胡迪‧曼紐因（Yehudi Menuhin, 1916~1999）…著名的美國小提琴家、指揮。

⑪ 艾薩克・史坦（Issac Stern, 1920~2001）：著名美國小提琴家。

⑫ 黛芬・賽麗格（Delphine Seyrig, 1932~1990）：生於貝魯特的法國女演員，代表作有莒哈絲（Marguerite Duras）的《此恨綿綿》（La Musica）、《印度之歌》（India Song），以及亞倫・雷奈（Alain Resnais）的《穆里愛》（Muriel ou le Temps d'un retour）等。

⑬ 瑪莎・貝洪杰（Macha Béranger, 1941~2009）：法國電台主持人。

⑭ 跨行（enjambement）：一種切割結構的作詩技巧，不加標點，以營造似斷還續之感。

⑮ 羅蕾萊（Lorelei）：傳說中住在羅蕾萊山上的女妖，美貌無雙，其動人的歌聲經常引發船隻遇難。

⑯ 西哈諾・德・貝爾熱哈克（Cyrano de Bergerac）：十七世紀的法國著名劍客及作家，其感情故事被改編為舞台劇《風流劍客》及電影《大鼻子情聖》。

⑰ 唐璜（Don Juan）：西班牙的傳說人物，以英俊瀟灑及風流著稱。

⑱ 路易・阿姆斯壯（Louis Armstrong, 1901~1971）：美國爵士樂音樂家，將爵士樂從紐奧良帶向全世界，被稱為「爵士樂之父」。

⑲ 阿蕾蒂（Arletty, 1898~1992）是法國女演員及歌手，在一九三〇至一九四〇年間演出多部重量級導演馬塞爾・卡內（Marcel Carné）的經典電影。

⑳ 西蒙・仙諾（Simone Signoret, 1921~1985）：法國女演員，也是法國第一位奧斯卡金像獎的得主。

㉑ 巴爾貝・多爾維利（Barbey d'Aurevilly, 1808~1889）：法國作家。

㉒ 原書注：同一呂克・蒙桑佩斯（Jean-Luc Monsempès）醫師及神經語言專家。

㉓ 原書注：瑪莉安・威廉森（Marianne Williamson）美國作家，語出《愛的奇蹟課程》（A Return To Love）。

Chapter **II**

领袖的聲音

Les voix du pouvoir

火星人入侵事件

哥倫比亞廣播公司（Columbia Broadcasting System）及聯播網的聲音宣布道：「一九三八年的十月三十日星期日晚上八點，奧森·威爾斯（Orson Welles）①及水星劇團改編自Ｈ·Ｇ·威爾斯的同名小說《世界大戰》(The War of the Worlds)。」

播出時，大部分的聽眾都在收聽全國廣播公司（National Broadcasting Company）播出的、玩偶麥卡鍚（McCarthy）的腹語師艾德加·柏根（Edgar Bergen）和他的玩偶節目，直到八點十二分才轉台至CBS，此舉大出威爾斯的意料之外，他們當然知道民眾聽不到之前的聲明，所以會在毫無心理準備的狀況下，進入《世界大戰》的劇情中。

就在節目同步播放拉蒙‧拉魁羅（Ramon Raquello）管弦樂隊在公園廣場酒店（Park Hotel Plaza）子午線廳的現場演奏時，一則新聞快報猛然打斷了樂聲，報告說珍寧山天文觀測台的法洛教授證實火星上出現了幾次爆炸。我們知道接下來發生了什麼事：這個把戲圓滿奏效。奧森‧威爾斯超越了《世界大戰》的改編，他像一名偉大的記者，透過電台讓他的改編劇成真。他用新聞簡報的方式寫台詞，而不是寫得像連續劇那樣。

　　劇本安排得無懈可擊，故事頻頻中斷了音樂的演出。威爾斯表演了幾次沉默，讓聽眾來作證，他們全都上鉤了。威爾斯換上陰鬱、悲戚的語氣。他的嗓音低沉，扣人心弦，還一反常態的冷靜。他特殊的音色擴大了神祕感，讓人生出恐懼的反應。

　　這一夜進入了傳奇。隔天起，各大報紙的頭條都提到橫跨全美的陷入恐慌及大型的騷動場面。某些人出現歇斯底里的情況，甚至描述自己在生理上有一些感受，像是聞到火星人的毒氣及武器光束的熱氣。

爾斯底日晚間播出。

他所以能為天下，他才小時下接自己的廣播劇比哥倫比亞廣播公司的節目一個月。那個萬聖節，他播出了火星人的襲擊，節目以假亂真，收聽的聽眾大跌眼鏡，露出威爾斯的天才……一九四一年，他拍攝了《大國民威

他所以能為奧森‧威爾斯晚間補財務損失，好萊塢的大門也為他開啟……一九四一年，他拍攝了《大國民威

個鍊金材料。他的童年——一九一五年五月六日，奧森‧威爾斯誕生於威斯康辛州的克諾沙（Kenosha）——一九一五年五月六日，奧森‧威爾斯正在人偶森可以說了不起的化妝。威爾斯出生於威斯康辛州的海市蜃樓。

為什麼奧森‧威爾斯的起始音可以讓大家以為真？那一夜，用語和語調，威爾斯這位演員超越了自己，在電台節目上誘餌成的味又

候，只有二十三歲的他，形成了的聲音。那一夜，用語和語調和這位演員超群的自信，在廣播劇達成他之前所之味又呢？

民》（*Citizen Kane*）。

如果沒有邀請科學家上節目為事件講評，在整個說故事的過程中插嘴，讓火星人入侵的論點還真可信，也沒有專家出聲參與的話，這一晚所造成的衝擊不會這麼強烈。要讓謊言不穿幫，就必須有一部分的真實性，科學的佐證，還有誠摯、有說服力的低沉嗓音。一九三八年十月三十日這一天，奧森·威爾斯加入他童年的魔術師們的行列，成為「聲音魔術」的泰斗。

透過媒體傳播，聲音的威力引起這種俗稱「謠言」的現象，讓世人對傳奇與現實間的界線在哪裡，產生了疑問，因此引發集體焦慮。當傳奇超越現實，我們願意相信的是傳奇。

很怕公開現身。

伯特王子從八歲起就飽受這個結巴所苦，而且嚴重程度日俱增，他在二十九歲時，在溫布利大英帝國博覽會……

聲音不再是他的私事——因此，離過婚的美國女性愛德華想過才知道大眾因為……

伯特王子，有影響他的私事，而是伯特王子在一九三……他二十一日，而且無論如何都會決地表達己見以後……他必須成為喬治六世，一九三七年成為喬治六世，一九三六年迎娶華麗絲‧辛普森（Wallis Simpson）……他自願退位。

二〇一〇年，一部描寫英王喬治六世的電影《王者之聲：宣戰時刻》（The King's Speech）這部備受矚目的電影，描述在他的長兄英王愛德華八世迎娶原本在美洛克的重大任務，這個結巴有口吃障礙的英王愛德華……這位華人伯特王子從電影才知道大眾因為……

結巴的國王，喬治六世

國展覽會的閉幕演說，對他而言是酷刑，對聽眾而言則是折磨。這次的痛苦經驗，促使他僱用澳洲語言治療師萊諾・羅格（Lionel Logue），後者將會伴隨他一生。羅格當然相信說話不流暢的問題是可以矯正的。

一直到當時，電台從未與權力的施展如此息息相關。長達數千年來，國王、皇帝、法老王都不需要依靠聲音去確保權力象徵。他們的合法性來自世襲而非人民，是君權神授，人民為此敬服他們。形象的力量就是他們的威權：官方肖像畫、政令下方的簽名或王印、鑄印在硬幣上的頭像……沉默無聲的頭像，散發著些許神祕感。在九世紀，「結巴王」路易二世還能夠稱王，但到了二十世紀，這似乎是不可能的事。更何況喬治六世的對手是令人喪膽的阿道夫・希特勒（Adolf Hitler），還有他那高潮式的鬼吼。希特勒只要狂吠幾聲，就能讓他的聽眾搖身一變，成為一群瘋狗。個體已不復存在。希特勒用他聲音的力量進行操縱，無論是二〇年代他站在餐廳的桌子上，還是稍後站在講台上利用麥克風催眠數千人，方法都一樣。

喬治六世肩負著艱鉅的任務。然而，這位英國君主並不乏無畏的精神，

隨這位軍需官已有了這副的焦慮變成焦音。我希望透過緊促的口吻，和我的聲音和我的觀點和我準備好自己的希望，我把這像像。

個神經元的作用，我也聽高治六世說話時只聽見他的靜默，他的靜默，他的彈性耐乾燥，我聽見他的聲，部分，我還有自己的

。聲音仿佛那程度進入戰性的氣聲聽起來幸衡羅斯和他的聲音的歷史充滿了陶土旁人不態。他慢地。所以有節的緩慢的患者共流暢，刻鑄出自己的，既然時務的演力，雖然時同奏和演

其激烈國進歌劇性戰說的聲音的要只是音，英種戲演台發音的，一秒必須忍耐迫塑受著煎熱，一代用而知之他有此能和他的音辭之缺乏默。當下那六世發表的

治六透過音準也很詞用只是不善言辭。但是奇蹟的節和他的控。奇蹟的節奏總算實現而這地都控，既然會結已，但有點奇蹟和他的節和過高。

電視是情緒擴音器

身為語言治療師如我，隨著時間推進，總有一天勢必會對治國者的聲音產生興趣，並試圖歸納出讓這種聲音足具特色的理由。我把聽診器放到一旁，像個偵探那樣潛入國立視聽學會（Institut national de l'audiovisuel）的檔案室裡，他們很樂意讓我盡情查閱。我閉著眼睛，大量聽取了今昔政治名人的演講。我聚精會神地看了選前的電視辯論，「探究」這些聲音還有它們的各種變化，尤其是贏家的聲音，那些注定治理國家的聲音。我統合了一些包含理智、精神、衝動（pulsions）及情緒層面的資訊。我對這「聲音的手勢」著迷不已，因為身體也會說話！

不過，在有系統地聽完這些檔案，最後下結論之前，我想要說一說當時的一些想法。

聞的主播。

我們被形形色色的聲音覆蓋的社會，必須運用這片色色的聲音，連綿不斷地報導新聞，當中沒有什麼哪怕有靜默的聲音，彷彿靜音的世界都不見，我們聽眾的位置，只想躲進行世界裡，對報導內容的理解晚上靜默之。政治新

的聲覆蓋的社會裡，演說這三項都造就了偉大的演說，它需要想著和奏節要的言行一致，而其次，而能表現出手部的動作，它會很樂於小螢幕上誠墊於小螢幕的人，它不是我們每

眾的**即興表演**，讓自己氣輸送著演說內容平淡無比，而這都造就了偉大的演說，和奏的聲響和發聲技巧，致一言手部的動作，它會很樂於小螢幕上誠墊於小螢幕的樣子，是騙不了人的，他不是我們每一個

誘惑滔滔不經易的行放人，一個電視中的政治演說是直接對準人群發言，但要讓它直接對準到的情緒，由衷而發的言語，表現出誠墊的樣子，不論在小螢幕上，即是對人的裁制，它不是我們每是在光在

聞論爲一連串的音樂錄影帶。在電台也是一樣。製作人總是不斷打手勢，催促麥克風後面的那些播音員再講快一點。此後，他們說的話都失去自然性。

這個年代已經不再時興從容聆聽，而是把訊息急速地傳遞出去。然而，我們必須再次花時間聆聽內在聲音，鼓起勇氣直視事實，把它傳達給他人，這樣的聲音才能傳得遠，同時可擺脫媒體威脅著我們有聲世界的窒息現象。這也正是電視辯論會這麼受歡迎的理由。他們提供大眾和辯論家這些現代戰士產生共鳴的可能性。

法國總統候選人的第一次辯論

一九七四年，瓦勒里・季斯卡・德斯坦（Valéry Giscard d'Estaing）和法蘭索瓦・密特朗（François Mitterrand）在總統大選兩輪投票之間，在一場現場直播的電視辯論會中對壘，這場辯論有兩千五百萬名電視觀眾收看。這種較量在美國早已行之有年，但在法國是第一次。一切都有待規畫。當時決

我情有感情，是那種人，是這樣的樣子，季斯卡特子完全明白狀況。他很清楚自己主持的劃時代辯論。因此我看清楚在這場由導播，直到今天仍進行不渝，主持人和布景都總過雙方的競選發言權國際團認證三家電視台每個人的

！是……『是他那種開朗的聲調、熱情，句尾才有悠揚自無關政治，他正準備採用這個選舉的場合，而是感覺口的話即將至關緊要的姿勢，也有一顆傷人的心。」首先，我一直認為平『以眾人當自己才

這才選擇總統大選中的季斯卡他正準備採用這個選舉辯論，由記者暨主持人蜜雪兒‧柯塔（Michèle Cotta）和尚‧布瓦松納（Jean Boissonnat）所主持的劃時代辯論。

的音色低沉近，只是有一句尾的聲調，從來不拔高，語氣堅決，撫慰人心，正是施他

恩的態度，一直敬重他人。他懂得讓人安心。

在他那一大段語調深沉的「講經說法」中，只有一個字詞出頭露角，語調比其他字詞還高：「密特朗」。於是，我們聽到的是，密特朗不只傷害了他的對手，還越過對手，傷害了法國人。季斯卡試圖把法國人召喚到身邊，好像在說：「歸附到我跳動的心臟來吧！」同理心發揮到了極致。做為回聲，沒有出現在畫面中的密特朗輕輕囁嚅了一句「是的」，聽起來很像是認輸了。

別忘了，在那個時代，密特朗認為電影就像一隻「黑眼」，令他膽寒。他說：「要獲勝就必須做自己，但是透過這些機器、記者、這些人的篩子，這是很難辦到的。」不管怎樣，勝利都屬於那位懂得運用以下兩個要素的人：辛辣又不失尊重的駁辭，還有洋溢著同理心的演說。密特朗要到後來才了解到，與其說選舉是政見的問題，不如說是群眾情感的問題。從這方面看來，這場辯論是個典範，因為同理心及不同的衝動都在其中扮演著決定性的角色。

我們得以抑制的雙重性的行為。

它讓我們關鍵性的角色在這個機制中，讓我同理心及道德演化方面的許多……（raisonnement moral）。從演化方面來說，許多涉及製造影像的體覺所做的研究相對是大腦皮質神經元之主題。如果我們的社會活化就知到他人這個經緒了。體感通路的痛苦，同一個體感通路包含其鳴的痛苦，其他人的悲慈，以平從本人和起他人化到他人的發展中都已經，而不評判他人，也演了讓

另一個人。

通聲對話、以對人的感受及表情交流為前提的一種同理心概念。「同理心」所表示的是一種或多或少強烈的同情。「同理心」可以臺無根據地傳襯的方式，同情，有別於內心的感受的「同理心」。這種襯情，讓主角之間心靈互動，它是針對相

他人的感受及表情交流，爾（Robert Vischer）所創。「同理心」（Einfühlung）這個詞在一八七三年由德國哲學家羅伯‧費雪

同理心的研究

126

這個特徵無疑動用到我們的原始大腦或稱「爬蟲類大腦」，這是我們非理智的直覺反應所在區域。一項令人雀躍的研究顯示出，一隻學會壓下槓桿來取得食物的老鼠，在發現自己的行為會直接導致另一隻老鼠遭受電擊時，就會停止覓食，放任自己餓死。在人類身上也有這個分擔他人不幸的機制，我們會無意識地調節它。它可以因為社會、種族、政治或宗教等各種因素而抑制或增加。

這很接近鏡像神經元的現象：譬如，當某人觀賞一場足球或網球賽時，他會在腦中重新布建與茲拉坦（Zlatan）或費德勒（Federer）同樣的神經連結通路，當然前提是要喜歡這些運動，因為情緒扮演著很重要的角色。觀眾看著球賽中的球員動作，腎上腺素的分泌會激增至最大。感知與動作之間的連結是基本要素。聲音可以在個體和群體上產生相似的效果。治國者的聲音就是運用這種驚人的力量。

群體就像一個獨一無二的大腦，而個體就是神經元，會受到領袖的聲音刺激，像鏡像神經元那樣行事。這就是聲音對群體的影響力：個體不復存

兩次的政治辯論

雖然在這段憲法對上密特朗以及路易拿破崙的戴高樂將軍中打頭陣。政治人物開始有接收器上場，他暗示如果國人有儲好，恰好他選有所保留，但多斷他將會變氣，四起在電視螢幕四起在電視螢幕上出現民頭家到了上出現一次。」希望廣大過受。

電視裡的選舉權爭奪

十二月五日及再普選了共和以及路易拿破崙（Louis-Napoléon）②的選舉開始，法國就不再從第二共和以及路易拿破崙打從第二共和以及路易拿破崙的時期，戴高樂在一九六五年的法國第五共和體制下才恢復，戴高樂總統了第五共和體制下十一月到了第五共和體制③十二月五日再普選，戴高樂總統普選在一九五八年由夏爾·戴高樂（Charles de Gaulle）的選舉，十二月五日再普選戴高樂將軍在一九六五年的法。

人物喝下「」而是融入人群眾之中，那些話，實際上更是融入自己同聲同氣，就是跟自己同聲同氣。他們有如軍人行動的，他們似乎領銜了內容，將之額偽己有演說之中，以致地投入有，致地投入演說之中，與政治，。氣。

人民忠誠的支持，促使我繼續留在崗位上，那麼新共和的未來將會確實受到保障，否則它會即刻瓦解。」

一九六五年，戴高樂是一場眾所矚目的民主革命的開路先鋒，因為他接受了各政黨都能參加電視選舉活動的條件，該條件保證所有候選人的發言時間一概平等。

在這個嶄新的情況下，戴高樂幾乎只尋求他的同類即一戰老兵的同感，疏忽了那些未曾經歷過解放運動（la Libération）的人。他的演說漠視那些就算用戰功彪炳也說服不了的、生龍活虎的戰後年輕人。法國從那時候起就一分為二了。跌破眾人眼鏡的是，密特朗這位第四共和裡的三朝元老，沒有抵抗運動（la Résistance）的輝煌過往可以利用的政客，使得戴高樂的得票率無法過半。事實上，密特朗也從未在演說中引述過一九四五年的事。他深得左傾人士的同感，顯示出他有接受異議的能耐。戴高樂很快就明白新戰術的必要性，他同意在兩輪之間接受記者米樹・多瓦（Michel Droit）的電視訪問。多瓦後來還被借重了兩次，兩次都在對戴高樂而言很關鍵的節骨眼

派入的人士。「

法國他他不是他的屬於過去任軍大意義重，「法」這名句成了這個人的態度。他的人，但選不是左派！──法國的格言操作效了印證了這個變成個──一切都「前」和「歐洲」和「農業」──「前」，將軍「前」這兩個字維，他過無關軍事的戎議。成為新共亂！以超過五十五％的得票當選──他不是右派，不是左派！如此：他不是右派，不是左派，自己的名字──密特朗發言即被冠為冠是以

談論第一個訪問群眾的能力。

戴高樂會掌握群眾的煽動力，戴高樂明白新的情緒的反應，將新的戰鬥反應，還有根據群眾這樣的選，黑色的小聲的呼吸來，即在幕上開團打演。

小聲章──一九六五年十一月──說的聲章殺群眾的能力。

步代的生涯，雖然地高樂採取政前意義重大。第一個

導致他提前退休④──以「九六八年八月五日」以及「九六九年四月」公投⑤的前一晚──這個公投

決定選戰結果的電視演說表現

一九六九年的第二輪投票儘管沒有讓人留下什麼印象，但是有關聲音力量諷刺的那一面，卻讓分析這場選舉成了別具意義、讓人雀躍的事。

法國人面臨在前總理喬治·龐畢度（Georges Pompidou）與代理總統亞蘭·波埃（Alain Poher）之間做抉擇的情況。儘管波埃、龐畢度的對決因為名字疊韻而令人發噱，但就像在同一種產品的兩個品牌間挑選那樣令人提不起勁，一九六九年的選舉是唯一首輪投票率高於第二輪的。共產黨是當時主要的反對黨之一，其候選人賈克·杜克洛（Jacques Duclos）就勸說民眾別在「半斤和八兩」之間做選擇，因為這兩人的主張是那麼雷同。

然而，他們的聲音，或更確切地說，他們使用聲音的方法簡直天差地別。波埃對法國人說話時，偏好不留反駁的餘地。他獨自面對攝影機，是過去的化身，就像個悲劇演員在背台詞，好一段可笑的台詞！以特寫拍攝的他，表現出志得意滿的樣子。儘管他出生在一九○九年，比戴高樂年輕了二

龐畢度只選擇訪問受邀讓三位記者來訪他：兩位文字記者、一位攝影記者。從他聽到那樣的讓我從中不漏地從上台說話的對手了。我再度開了個頭，想著內文放：「如果要發言，凸顯他的概念，我不漏地從上台說手了。」

想了。

「……他拿掉眼鏡，竟然是前一天的人答應讓觀眾看過你遲過的音色。」我們譯者接下來避免混亂「……」他的口袋裡的內容都是同樣的東西：他甚至是明日黃花，他的聲音就像個悲劇演員，帶著哈利‧鮑爾⑥（Harry Baur）

十歲，卻似乎屬於上個世紀。他的戲劇性的音色。

從進自己的做音傳，我提他說讓內容攝樣可以拿波夏音樂高戴為首的事，犯了另一個錯。此舉等於替總算拉根

132

香（Annik Beauchamps）和蘿絲・文森（Rose Vincent），以及一位男記者克里斯欽・貝爾納達克（Christian Bernadac）。這些人坐在擺放皮沙發和茶几的舒適客廳中。龐畢度劈頭就請大家「轉向未來〔中略〕，就像所有的法國人」。一身灰塵的波埃，瞬間就被踢回他的過去。龐畢度抒發己見時，用詞通俗、嗓音低沉、聲調平淡，是一種輕鬆交談的聲音。與這場訪問的布景很搭調的聲音態度，就足以扭轉情勢：他練習這個力量已經超過五年了；在聲音上面變一點花樣，就讓他變成未來的人，因為他的聲音是總統的聲音。但是這樣還不夠。為了確保勝選，他還需要另一場訪問。當賈桂琳・柏德里耶（Jacqueline Baudrier）問他，如果當選總統，有什麼感想。龐畢度付想片刻，接著用一則軼事來回答：一位羅馬將軍凱旋歸來，民眾將他高高舉起，歡呼勝利。但是一勞幫他捧著桂冠的那個人，其存在提醒了他，自己不過是一介凡人，勝利是屬於大家的。

龐畢度透過這則故事，注入了同理心：像他這樣屬於明天的人，如果要改革，也是為了全體法國人。比起任何改革計畫、任何回答、任何私人軼

他對音樂節讓情緒澎湃仍是他心曠神怡撫慰勃勃，他運用的是一個絕佳特他運用同理心的時刻。和出色的音樂節心腹謀士賈克·朗（Jack Lang）⑦ 他方法相當獨特，他的每一次勝饗，都見及批密特朗的心腹固然是一次勝饗，是文化因為他們都抵制及批是一個吉兆。是高同理心不只能捕捉到他的元音，對我的強大表現就來這是參觀過所有美術館藝術都不懂，何在電視上贏得勝選，藝術的熱愛藝術以藝術總統就，我被他的藝術的風潮草一位總統所知，藝術能夠得勝選人，但留下來的在總統候選人對藝術能夠得勝選一位總統的藝術總度擁有時勢，是藝術的態度是我們老師本身。

「國籍籠統的元音」對我而言，什麼藝術都不懂，因為假如永遠是現在就什麼都沒有留下來的，因為總統的藝術家能夠在電視上贏，藝術總度擁有時勢，甚至少使用特的藝術權，甚至於對藝術權，不他

「愛日遠見，或許這談歸功於庸畢竟是「文化選中庸故事，裡有整個龐畢度通則在電視上贏為媒效勞，音稱得：除了他的巴黎的文章的，一位懂得其奇文章的巴黎高等師範學院出身

慷慨的人。他反槍帶棒，也就是身懷損人益己，使對方落人笑柄的本事。一九八八年，在他與席哈克的辯論當中，席哈克對他說：「我們都是總統候選人，那麼請容許我稱呼您密特朗先生。」密特朗答道：「您說得很對，總理先生。」密特朗這位總統可說是用嘴巴打了對手一個耳光，更狠的是這句話還不容許辯駁。

贏家的聲音：在演說中傳達同理心

不見得每位總統都是審美家，遠遠不是。藉由這些例子，我特別要分析其中幾位在演說中傳達同理心的形式。不過，方法並非只有一種：除了美感式的同理心，如龐畢度、密特朗，我們還能看到英雄式的同理心，像戴高樂、季斯卡這些無論實際上或象徵上，身先士卒、獻身給法國的人。也就是，無須上過戰場或是誇顯自己來頭不小，才能被歸入這個類別，就像喜歡肉博戰和挑釁的尼可拉．薩科齊（Nicolas Sarkozy）。他熱愛對決，他向法

既是聲響，也是將會聽從他們話語的國人，就這二〇〇七年總統大選第二役——當代的冠軍是賽格琳·賀雅爾（Ségolène Royal）——也照慣例在競選時，役不再由男性包辦，在經濟與國家安全的前線，兩輪投票之間的政治辯論，儘管聲響比較柔和。這方面看來深具教育意義……而我並非等生氣……

討論殘障學童攻勢動了……她就是她。她說：……我想我們的政治辯論來到

風敗俗的討論，比較

薩科齊的最高峰是在學校所遭受到失去冷靜的……而我並非等生氣。

「請冷靜一下。」薩科齊應道。

「我不要冷靜！」

「我不懷疑您的誠心……」

「我不認為把我當成騙子，所以也請您不要懷疑您……」

薩科齊的口頭且光就打了過來。

賀雅爾即是如此，他對手在句尾知道自己占了上風，在聽眾身上激起他的聲音——

總是保持鎮定，薩科齊就低沉許多。

疑我提高聲音，我不要冷靜一下。

種煩感。

至於薩科齊和霍蘭德（Sarkozy-Hollande）在二○一二年的對決，我們也可以在其中找到同樣的參數：「我要做一名以尊敬法國人、看重他們為首要之務的總統。我不要當萬事通總統、萬事通領袖，但是到頭來卻又什麼責任都不負。」這是霍蘭德將心比心、與他人分享的口氣。他的音色低沉、冷靜。他察覺到破綻，然後大舉猛攻。接下來，他即興說了一段超過三分鐘的獨白，開頭複誦了十五遍：「我，法蘭西共和國總統……」

無論我們的總統是以藝術家或軍人的姿態來施展同理心，他們都運用口述來傳達。那些不知道要披上這兩種形象之一的人，總是會落敗，除了席哈克（Jacques Chirac）之外。的確，席哈克的骨子裡是個審美家，但是他在演說裡絲毫沒有透露他對藝術的喜愛。他是個外冷內熱的人。我雖然一再重聽他的演說，卻很少在他的演說中感知到同理心，然而面對小群體的時候，他表現同理心的方式倒是令人印象深刻。他在大陣仗的媒體面前，有時候是相當不留情的。但這位元首確實是另一個領域的行家：同情心。

雙手也會說話

聲音力量的此辭論的部分，視聽檔案有——搓手。

雙手的位置太高或太低，都會攪亂你說話的對象看見，有讓聲音有表達力，這樣產生氣氛，好像那是的招牌方法構成。

雙手的位置卻不須於胸部與肚臍之間，必須讓你說話的對象看見，讓聲音有表達力，這樣產生氣氛，好像那是的招牌方法構成。

請把您心朝上打開，所有十二至五歲的幼兒召喚，有所防礙。

之再者，心掌所打開朝上會，告訴我他有辭退的幼兒召喚過來，這句是對他人，就是對集合，召集人的，來聽我說話的意思，即是正當的意見上。但

是，這個手勢的意見在「講學」等一下，這句話是對他人過來，讓我講完！」的情境中，即是正當的意見。

雙手在身體前方十指交握，是在人我之間豎起一道屏障，與說話對象拉開聲音的距離，雙手提供一種像是虛擬講台的保護。相對於此，說話時掌心向上，這個將自己送往他人的動作，代表聲音的開放態度與懷概的象徵，於是就能展現同理心。

為什麼這個手勢這麼重要？演說者配合自己的聲音所做出的每個手勢，都應該與聲音相應，否則會出現一種我們眼中的他與耳中的他判然不合的感覺。他偽造了自己的聲音。同理，直視對方是基本的道理，說話時的眼神是騙不了人的。

演說的意圖

仔細爬梳這些視聽檔案，引導我歸納出有影響力的聲音包含五種主要意圖：表明自我、建立信任感、分享資訊、說服及感動。

息，任陳述的內容時，用字的意思當然重要，但衝擊性卻是聲音的力量所決定，聲音必須提供活動份子好，觀眾、活動份子是否有把資訊聽進去、記住，接收了演說者分享的資訊？

第三種營造圖：分享資訊

之間的共犯關係才有可能辦到。就好比在這兩種情況下，一個建立信任感的演說者，在重新凝聚會讓會議、觀眾重新凝聚。比在這兩種情況下也是新場，門口吐露心事卻無需露出，聲音有助於建立信任感的方法，但這默契安排在聽眾中，低聲

第二種營造圖：建立信任感

斯（Narcisse）。

就不存在。聲音數量跟那種物的力量，他變成自我團迷，他不斷地說話，給自己聽，只有想利用那種聲音能讓他用別人的聲音來表達，且要自信夠展現。

第一種營造圖：表明自我

這是不能讓他們用別人的聲音來表達自己，且要自信夠展現心事，有如斷話的囚犯，在禁止自己說話，因為自己倒影禁在囹圄中，影中倒影相反展示真實的話，對著後來對政治中的納西自己，

140

低沉、深遠，還要有靜默來畫龍點睛。靜默即無聲的字句，是說服的力量。

第四種意圖：說服。意指使他人採納一個意見或是讓他改變主意，並且知道聲音的影響力並不只在於將己見投射到他人身上，而是在對方聽我說話後，也變成該意見的擁有者。聲音不再完全屬於或只屬於那位想要說服別人的人。聲音力量能從環境、空間的振動中獲益，它的展開無法不牽涉到聆聽、受到撼動，用自己的情緒去過濾及轉化對方的聲音。那種幾乎像在傾訴衷腸的溫熱嗓音，可以夾雜著時而軟化、時而扎心或令人憐憫的語氣。

我確實記得距今幾年前與羅貝爾・巴丹戴爾（Robert Badinter）[8]的一席對話。因為某些我認為不可饒恕的罪行，讓我贊成死刑。但是經過半小時的討論後，他說服了我。像巴丹戴爾那樣高才卓識之人，自然不乏深知灼見，但是除了那些論點之外，他聲音的音色、真誠與熱切，聽起來真實無比。信念與情緒之間的化學作用，凌駕了言語。

這是演唱的才華。

必須打斷這種嗓音，讓音量發生變化令人安心，把情緒給幾乎沒有靜默以恐低沉穩低頻挫，我們的概念只能實現我們前述四種意圖這種氣情維持在最前密集的這四種意圖就必須演說做幾乎沒有靜默以恐低沉穩低頻挫，我們的概念只能實現我們前述四種意圖這種氣情維持在最前密集的這四種意圖

第五章：情緒圖像與感動

就必須演說做幾乎沒有靜默以恐低沉穩

低比較低頻挫，因此我們的概念只能實現

急促，因此我們的概念只能實現那種尖銳

而恐懼感沉，我們的概念只能實現

。

須傳達情緒了，情緒圖像要讓前述四種意圖

成分少

142

領袖的獨特嗓音

邱吉爾或戴高樂充滿英雄氣概的嗓音，希特勒歇斯底里的嗓音，席哈克或密特朗令人安心的嗓音，柯林頓破啞的嗓音……還有甘地或馬丁路德‧金恩的聲音，都證明了治國者的聲音沒有什麼魔法公式。謝天謝地。

但我們還是能明白這些聲音的力量，圓熟運用及魔力，並定義領袖的聲紋。他們的聲音如何讓群眾懾服？這些聲音又順應特殊規則或追隨風尚到什麼程度？我們能不能依據他們在群體之中所喚醒的衝動，歸結出一個政治人物聲音的「典藏庫」呢？

達利決定放「這
個迷幻氣氛中颷
漡著。希望放在
劇深處的唱片。
蕙動說就各聽眾
的唱片。聲音來
了櫥橙卻從來不
曾過。唱片。橙
亮來到有一回應
這位「天。

句，在這個效果
！布拉姆斯互應。
依照地板作他們
之間的藝術家也
是鍊金術師活在
退縮和錯亂和譫
妄的聲音，但不
只是他聽得見這
個頻率或振動片，
卻是他狂野的才
華洋溢的狂野。

光波有不同的顏
色，放在地板作
他們之間的藝術
天才洋溢的狂野
土。他活在退縮
和錯亂和譫妄的
聲音，但不只是
他聽得見這個頻
率或振動片，卻
是他狂野的才華
洋溢。

燈光至少散伴隨
著光線振動之一
個是我告訴你的
故事開始說起。
他是薩爾瓦多‧
達利（Salvador
Dali）的密友。
最好還是從聲音
及光線的故事開
始說起。他是薩
爾瓦多‧達利
（Salvador Dali）
的密友。

聲音是主宰‧言語是嚮導

首」（Führer）刺耳的音色，只有他才有辦法讓這種從未出現在任何奏鳴曲中、尖厲異常的頻率再現。這種頻率能夠催眠一整個族群，也能煽動人群。

希特勒的每個句子，不管是不是問句，句尾的聲音總會逐漸上揚，以至於他的聲音似乎總是在點亮（我幾乎想說是露）橘橙的尖厲音調中，以宛如耳光或槍響的效果作結。一開始，他說得不大大聲，總之，比起任何一場搖滾演唱會都要小聲，接著他漸漸提高音調，節奏也有跟進，他說得愈來愈快。

在聆聽演說的過程，它首先像是一段音樂，接著其內容才會進入我們的腦中。它動用到我們的聽覺、情緒，接下來才是我們的理智。

所以，我們可以將之區分成三個密不可分的連續步驟：演說者首先對我們的耳朵說話（十五分之一秒左右的一刹那，就足以吸收訊息），接著是我們的爬蟲類大腦（也就是因應衝動及原始反射的大腦），最後是我們的理智。我們聽見，我們感受，我們理解。依我之見，要理解聲音的力量，這一連串的資訊最為關鍵。

聲音是主宰，言語是嚮導。

成情感（affect），是前往世界的天橋。

音首先被聽見的不是言語，而是聲音。爬蟲類大腦接著讓聲音進入，再貼切不過了。那些響亮而易見的事，最後通過大腦皮質引導我們的情緒為聲造。隨著該歸功的人們會意識到這句話說得再貼切不過了。「音樂先於一切」，其實人聲的音樂性，才能存在的程度，每位演唱時更勝於言，如是說者。

就聲音而言，只不過是多少都聲音只有透過節奏、音色、旋律等，更能催化地訴說，如是說者。「音樂先於一切」，法國詩人魏崙（Paul Verlaine）[9]如是說者。

聲音轉變成藝術錶演的企圖，點鉻成金，而中耳傳輸這塊位於內耳的小肌肉門接著圖成金。而訊息傳遞通過外耳道的本事也很了不起，然後接收到的聲音訊息抓住小肌肉的肌肉物質，然後將聲音訊息轉變成化學訊息，在四萬分之一秒的每接收到一個外在。

聲音與服從權威

我們都記得亨利‧維尼爾（Henri Verneuil）在一九七九年由尤‧蒙頓（Yves Montand）主演的電影《惹禍燒身》（I... comme Icare）。這部電影大抵是把甘迺迪遇刺案這個題材搬到一個想像世界。這部電影的優點之一，就是將一項服從權威的實驗演出來。這項由美國心理學家史坦利‧米爾格蘭（Stanley Milgram）指導的實驗，實際發生在一九六○年和一九六三年間的美國，目的是想了解服從的界線在哪裡，看看一個人能夠服從科學或軍事方面的上級到什麼程度，就像在電影裡那樣。

為了實驗需要而雇來的演員假扮成學生，被綁在椅子上。當學生記錯老師口述給他的字時，實驗對象就要聽從命令施加電擊在學生身上，而且電擊強度會愈來愈強。實際上，電擊功能是假的，但實驗對象並不知情。實驗開始沒多久，學生就假裝痛得扭曲身體，哀求著要中止實驗。

在電影中，結論令人背脊發涼：實驗對象一直等到學生承受一百七十五

食物，就要準備吃：早在拿到食物的聲音就一定會想起的反應。……將帶到我嘴裡之前，我的大腦就已……巴夫洛夫（Pavlov）……我曾看見

任何一種刺激的精神表現。

實際上，暴君為了合理化他們的暴行，暴君透過沒有遮權化的……都可以讓群眾仿彿沒有遮權，可以透過有語言的遮權，讓人更容易理解群眾的原始反應，更容易演說。稱他們是……和平得勢，而且聲音和平得勢。來支配群眾的聲音，並沒有用到肉體，研究某些字眼或聲音調……生物聲調所對致

伏特的電擊，才表示反對。

會變成命令，文明完全接受實驗中的聲音……民主接受實驗報告的自由市場的原則就是……聲肌力分理中，有直會……六十三%，加到百分之五十……的人口到四……執行來特象……都很……這表示這是他聽話……充當高階權威的示在說……理由的任何一個……就

經解讀了資訊，所以我開始流口水。以此類推，當我聽見上級的命令，我的第一個反應就是執行他的命令。分泌唾液是反射動作，也就是有機體對一個已知狀況的適應情形，一種中樞神經系統傳輸，協調興奮與作用的反應：它具有決定性的角色。這是一種距離反應：眼中所見的事物啟動了一個內在的生理反應。因此，刺激唾液腺的是條件反射。這種刺激需要一再反覆學習。因此，條件反射與新生兒天生或自動自發的反應如攫握能力，非常不同。

如果言語、命令、人聲激起了某個條件反射機制，或是人處於憂傷或病弱的狀態時，就會不期然出現服從的現象。抗拒服從與社會文化環境相關，社會文化可阻礙條件反射的產生。教育可使人批判演說。無知、缺乏教育和經驗的人則會成為理想的目標，可以將他們置於股掌之間。

有影響力的聲音會經由不同的聲音調式來傳達。讓我們回到巴夫洛夫的實驗。他在另一項實驗中，將同一胎的小狗分成兩組：第一組小狗過著放任的自由生活，第二組小狗則被關在籠子裡兩年。兩組小狗都接受條件反射的訓練。留在籠子裡的第二組小狗，比較容易學會條件反射。他們對聲響和人

政府必須懂得讓人愛戴它。保護群體，說得更明白一點，它保護群體中

領袖的聲音有演算法嗎？
四種衝動與四種行為

一種才是治國者變得眼就跑的理想聲音呢？有這種聲音嗎？

開心呢，他也會反之，我要補上一個字數句的聲音力的回應有如巨大的刺激。這群小狗膽小，以民和威嚴的聲音，因此很狂熱，只有聲調才是我們最優了許多。

有這種聲音嗎？可信任至全關緊要。答：然後重點都成了。第一組。太尖銳的嗓音又會令人聽起來很不快，洛夫與善感的小狗撫摸他，他也給你吃飯。「小狗可以嚇得他們全身發的聲音又說不需要款語溫那麼大地

西跑過來說：言，或是面對條件反射的作用時常敏感，抖動則聲音的膽小狗又說要款語溫那麼大地

的每一個體。這每一個體的行為就像小孩，不負責任，隨著群體起舞，未經世故，任人擺布；群體會創造出一個情緒的紐帶，因此在群體裡，個體不再害怕，甘願受支配，願意服從。事實上，戰鬥衝動、求生衝動、父權主義衝動（領袖保護我們）以及慾望衝動，都是治國者聲音的主要特徵。查克霍廷（Serge Tchakhotine）[10]在他一九三九年出版的名著《強暴大眾》（le Viol des foules par la propagande politique）裡，出色地分析了這些標準。作者告訴我們，理智如何受到扭曲，還有爬蟲類大腦及前額葉皮質的心理裝置如何互相連結。查克霍廷以巴夫洛夫的條件反射理論為基礎，發展出一套見解，根據他的想法，支配他人就是訴諸人類的四種主要衝動之一：

一號衝動 A1：戰鬥衝動

它訴諸於死亡、危險的奮鬥，喚起求生的本能。恐懼、焦慮、抑鬱，還有勇氣或熱忱，也能構成有影響力的聲音的「營業資產」（le fonds de commerce）。

但是在有影響力的聲音的演算法中，似乎只有這四種衝動。如果我們

個體幾乎不知不覺就使群體感受到這四種的聲音的影響，不假思索就做出反應──領導人的聲音就至少有這種原始衝動。

四號衝動A4：父權主義或保護主義衝動。

聲、美、女，這種衝動又比較特殊，它分成兩種特性，它訴諸個體的原始繁殖的情慾的對象，因此依然是物種保存希望求樂音之間遊──歌

的本能比較有限，也比較衝動。

三號衝動A3：性衝動。

如果用語精準的優點和利益，這種衝動也被我們稱為

二號衝動A2：進食衝動

走，產生作用。它告訴諸物種進食衝動，它圖明諸語存的機制：如果總是優點和利益，這種衝動也被我們稱為「……」（pulsion nutritive）。

一

再加上四種演說類型，可以得到令人印象深刻的結果。

領袖這種信心十足的力量，其實也基於我覺得不可或缺的其他四種準則，這些準則還可以用來補全前述四種衝動：

第一種行為 B1：信仰或宗教。

第二種行為 B2：重新集結（如果對象是群體，就要透過戰鬥或軍事的手段）。

第三種行為 B3：奉專家為圭臬（透過理智判斷與科學分析）。

第四種行為 B4：獨特魅力，這是最基本的。

我們先暫停一下，試著用這八種準則來分析我們的政治人物及領袖，會得到令人驚訝的結果。他們全都至少符合這八個準則中的六項。低於六項的人，想成為領袖、政治人物或是公司執行長的機會，似乎很渺茫。參照我給每種衝動及行為的編號，可以得到以下的結果：

除了推動的群眾、言聽計從個體的意識，並使它個體有威脅性。

這種象徵帶頭者的存在是有原因的──不是我們才使這個體，而是大家怎麼做的希望，特別只靠讓人有威脅的情緒而過度膨脹這個情緒的情緒，這就是讓人有威脅性。

它們不僅像個標誌，政治家這種象徵帶頭者都是獨裁者的關鍵。歌曲之耳、打招呼的特別的方軌方式。

我讓你們繼續繪繪……

（「我讓你們繼續繪繪……」他曾說）只有不動用暴力，我們才能成為戰士。

密特朗：A1、A2、A3、A4、B1、B2、B3、B4。符合八項。

馬丁路德·金恩：A1、A2、A3、A4、B1、B2、B3、B4。符合八項。

席哈克：A1、A2、A3、A4、B1、B2、B3、B4。符合七項。

甘迺迪：A1、A2、A3、A4、B1、B2、B3。符合六項。

柯林頓：A1、A2、A3、A4、B1、B2、B3、B4。符合八項。

甘地：A1、A2、A3、A4、B1、B2、B3、B4。符合八項。

式，還是非常有效的欺騙性宣傳，等於是提前為所有可能會出現的出格行為做辯白：「不是我，是大家這麼做的，是領袖叫我做的……」這個象徵劃定了地盤，無需多加解釋就讓人心悅誠服。它體現了群體的暗號，它屬於這個群體，而個人成為工具。

事實上，接受民意測驗訪問的個人就沒有這種群體反射作用，他不會聽憑原始衝動行事，他沒有這個權利。但是在群體裡，在號稱「不具名」的群眾裡，個人不再根據理智說話，而是一味感情用事，尤其在他們的情緒受到不安全感的恐懼、其他群體威脅，物質及進食衝動（「他們要搶走我們的一切」、「我們必須捍衛自己」……）煽動的時候。充滿仇恨的聲音會攻擊他人，恐懼的聲音會自我防衛。這個象徵喚起每個人體內那個情緒化的小孩。聲音會根據我們處在戰鬥衝動、慾望衝動、父權主義衝動或是宗教衝動裡而變化不一，然而這些聲音都支配著我們。

有效利用集體衝動，集中並引領從群眾身上取來的歇斯底里，同時，在演說內容、聲音本身的力量裡，暴力和攻擊性輪番上陣，像向一馬里‧勒朋

聽眾，同樣的想法……父權主義在另一個夢想……以實現動，歐巴馬的聲音，「……」：Yes We Can。（這一個群體，利用不會事的群眾

聲音由他的群體衝動，想要治理群眾動類型中，我的馬丁‧路德‧金恩的聲音帶有精神性的號召……這些民眾領袖分析這種訴諸少數族群聲音高明情緒，領袖精於此道，用自己的暗號，保證他

聲音就要有旋律必須開朗，聲音必須到最高點。金恩的聲音帶有精神性的號召：「不要害怕。」的也是群音所造謠的危言民眾們屬於這群眾，精於此道，用自己的暗號，保證他

還有讓人喚起熟悉……想要也要想得安撫信眾。「再一次，又是」我有體的衝動說話，這種衝動個體的驕傲結合他人的驕傲及父權這

反註答案在其心的畫面之中的靜默及鼓動演說家。……一個同樣的夢想……（Jean-Marie Le Pen）屬於這情

必須記得在演說中加入一些妙語，以及能夠放鬆室內的氣氛，博人一笑的諷詞，這是讓群眾團結一心的最佳辦法，給予他們一種共犯的感覺。聲音變成紐帶，它的力量就是從中而生。

特例：戴高樂將軍

聲音的呼吸節奏也跟聲音的表現一樣重要。戴高樂將軍的呼吸很獨特：在語句的節奏上，加入文字的魔法，產生令人驚歎的化學作用，總是介於悲劇、恐懼與信心、父權主義和凜然難犯之間。在我眼中，戴高樂是個典範，無人能出其右。

一九四〇年六月，他朝法國人的戰鬥衝動發言：他大肆抨擊，批鬥法國的敵人。那副帶兵打仗的口氣抑揚頓挫，未經紛飾，也不容許辯駁。他下的命令毫無商量的餘地。戴高樂受國家派遣，去執行任務，解放法國。一九四四年六月，這位民眾領袖在巴黎以悲劇演員的低沉嗓音說：「巴黎！巴黎受

舞台爭執逐漸蔓延到國家的各個活動領域，法國政府當局與學生對峙，法國自五月十三日起爆發罷工的

在一九六八年五月的法國，這個媒介紹讓自己的聲音更到國家的聲音謀略家。

在媒體造個媒體想讓自己的聲音，逐漸蔓延到國家的聲音謀略家。

是人爭，演員的接著，滿懷激情的總統之情，由國家的幾年下來，這位雄纔的人的口氣，站到他存在的煩憂詳！為熟悉能到凌辱！巴黎耳熟能詳！巴黎

他的聲音，或更權以他布告訴他年紀幾平德懷疑他永遠不安馬勒侯（André Malraux）：「我們懂你！」戴高樂會演變得初戴高樂高聲個守護子女的將軍！將軍的聲音變成……[12]

……變成悲情緒的，變成音，變成音，這幾句話音變悲成怎，我們不再需，那種衝動，是那種堅決自由了，是那種衝動，堅定，是那種衝動，我們不再需，這幾句話必須要，變成音，須要。

了。五月二十四日，戴高樂發布了一場當時的人所說的「法式電視演講」。他坐在辦公桌後面，神情肅穆，很有擔當的樣子。人民聽他說話、評論他，但並不真的理會他的意見和警告：「即將屆滿三十年，許多危急事件強壓在我的肩膀上，要我帶領我們國家去承擔命運的職責，以阻止某些國家不由自主去承攬這個責任。我準備好了，這次也是。但特別是這次，我需要，是的，我需要法國人民告訴我，他們要什麼。〔中略〕這是最直接，也可能是最民主的一條路，那就是公投。」因此，我們看見一位年事已高的男性對著電視談論起法國現在的「革命」情況。沒有多少人聽進去。街頭的示威抗議持續進行著。

但是，這位謀略家元首醒了。五月二十九日，戴高樂沒有交代就失蹤，去向不明。全國一陣恐慌！就連總理都不知道他在哪裡。各種揣測紛紛出籠。馬絮（Massu）將軍在巴登－巴登迎接他。他在考慮辭職嗎？他想要確保軍方會支持他？還是要在下決定之前，後退一步看看？

隔天，戴高樂一回到巴黎，演說口氣十分強硬。戴高樂在一九六八年五

戴高樂隱身在這套出色的戰術「法」國「法」術，不僅在國會辯論中，其集體的無意識象徵中，但最特別的是戴高樂的恐懼、造就成就還讓一

勝的恫嚇的手段，共和國萬歲，共和國萬音以及迫害學習自由選舉的人民，至於在眼下思考過的……法案。人民復甦，的繼定……教師們將在這種情況讓我能，各位女士先生，這則電視畫面，預留這個法國的聲音，我身為共和和國的聲音……法國愛用這步，進步的工作同時也預縮合法性持有的可能性……我今天才發生過，獨立與制的威脅——阻礙他們陳非有者節，提前奏行一遍在這，但是手段過制……有一群他們生活，人運，有人企圖藉國民議會我二

十四小時的記憶裡，我將為共和國的聲音成為影像，令人難生音發生過，下午四點時在巴黎制會，下自由，信是手段過制我二

現在大家聽著就對那天的演說或許談他的演說，但是那天的事還記得這，讀三十日這天的演說，月三十日這天，在電醫學院，畫面上添新的聲音仿佛令人難忘。誰都看不見戴高樂就

則神話。他是自由之聲，「除非有人企圖控制全法國人民的言論自由」，真是足以卓越地代表一家之主的好聲音。戴高樂把電視變成一個不只是影像而已的媒體設備，他讓電視成為一種說話的工具，而這個工具的漆黑螢幕則是樂器。

領袖聲音的特徵

領袖的聲音會順應一些技巧及外表的特徵。他的聲音必須同時具有令人安心的低音，以及對立體性不可或缺的高音，這樣在聲音空間中才有足夠的份量。歌劇中的角色分配，說明了高低音之間的二分法。高音的任務是傳遞訊息：男女主角的音域都是高的，就如同合唱團裡，都是女高音在敘述故事，而女低音給予節奏，包覆並支撐旋律。黛絲狄蒙娜（Desdemona）和奧賽羅（Otello）都是高音。這當然只是一些規則，最有創造力的作曲家並不會把這些規則放在眼裡。

「Yes We Can，」

《Let It Be》。

的歌曲正因如此，它的副歌我們才會把它記得——我們唱它的歌，獨一無二，又充滿吸引力，引著我們，奉著我們，引著電影或歌劇主角人生的就，就像歐馬利相般的人傷

另一個他的權力渾厚嘹亮，在這兩個號碼或扒手的分法，另一個在我們眼中很基本的政治家外聲音，他擁有這些特質——強勢。領袖必須展現同時又是孤獨。王子必須純粹是女性又是男性的聲音——一個劇場中見到的聲音——而並非拘泥於

維利必須懂得在時刻、月台、車站之間的聲音（Machiavelli）⑬，領袖必須提供情報（必須使人放心，讓群體感到安全，危險不安。除了這種王子也有別於聲樂家的聲音，而只拘於保護需要懂得在這兩個號碼之間的聲音布於

群眾是感情至上的聽話孩子

對政治家來說，支配人的聲音和操控人的聲音之間，界線細若毛髮。領袖要讓人追隨他，除了個人優點之外，勢必要與群眾的生活條件一致，講他們的語言。

赫伯特‧胡佛（Herbert Clark Hoover）就是沒搞清楚這一點。一九三二年，胡佛的連任競選活動就表現出與國家現實的懸殊差距。為什麼？胡佛的名字在二〇年代是繁榮的同義詞，當時的美國是充分就業（plein-emploi）。可是胡佛「企業」卻讓整群人民失業，這群盲目信任他的人民感覺受到背叛。因此，胡佛的綽號在不久前還是「以德助人」，到了三〇年代初期就變成「以毒害人」，成為失業的同義詞了。克萊德‧米勒（Clyde Miller）的分析非常有意思，顯示出羅斯福從那時就可以開始為新的重新分配而發動自己的標語了──他的「羅斯福新政」（The New Deal），換句話說，新的條約。

假如領袖滿足了第一條件──「與群眾的期待一致」，就可以試著往

前，群眾會直到群眾將群眾操弄在股掌之間，群眾可以輕易地被矇騙而非訴諸理性地聽信這些幻想，百依百順，我

而群眾的，一個情感故事，政治就學止，群眾操弄在面對面，就像他們放任他們的小孩子幻想這些幻想，百依百順發言。

制幾乎已消失，當領導者講一個情感故事，那四副這副傳送的內容是對群眾發言的故事。群眾相信這個故事和人民之間有一種非

體幾乎已消失，當領袖在這個領袖的故事，而且聲音的教育少年群眾相信這個故事和人民之間。

影響幾乎付之一炬，那麼這副聲音所傳送的風格，但他想像這個領袖的人民之間可以。

物們的功力的，聲音有之鳥有那麼這副聲音所傳送。

特魅力的聲音，權力的聲音擴大打動出這種衝動會觸動，群眾中的反應，群體上產生作用。

這種變態能使聲音變成草克「造」。群眾中的反應生作用，在他個身上注入幾乎能催眠的電流並強化個人。

領導人力量滿而理股力量倍能打動出這種衝動會觸動，在他個身上注入幾乎能催眠的電流並強化個人的獨有機個

胺的分泌。

領導人本身的聲音變成鬼祟，不折不扣的擴大群品。它是歡愉的來源，領袖的總會導致聲譽上的群眾需要營養素和多巴。

但是，人能一直擁有自己的聲音嗎？那倒不然，如果我們相信蒙田所言：「話，一半屬於說者，一半屬於聽者。」領袖的聲音支配他人，卻也殘害自己。這是斐代爾·卡斯楚（Fidel Castro）喋喋不休的演說給人的印象。

我們的記憶中都有希特勒歇斯底里的聲音，放映著他高潮式——聲音是他的陽物——叫囂的影像，他直接對著恐懼衝動，自保概念中的戰鬥模式說話。眾人經常以為他的嗓音過分尖銳，其實不然：他的聲音比較接近男高音，但隨著年紀增長而偏往男中音，就跟大部分男性一樣。他對著人群說話時，使用我們所稱的「頭聲」，聲音比一般人來得高亢，接近刺耳了。聽者會隨著每一個句子，逐漸被導向受創的邊緣，直到被擊潰、懾服、俯首認輸，然後追隨暴君的聲音。他的聲音刻意激起那種幾乎受到蠱惑和疼痛的感受，持續不斷。這種最精善於操縱人心的聲音，希特勒是絕佳範例。

領袖的聲音密碼

既然電視頻道有收聽哪一個視電台，那此電台也有聲音密碼，就像此刻我們正選角——例如迪美國廣播電台（FIP），從第一句話開始，我們就知道自己在主持人的聲音

凡人或社會規範的領袖，在聲音的領域裏質實的選角——用字遣詞足以媲美迪美國廣播電台的模特兒的選秀，主持人的聲音

同樣及社會地位的表面受到辨認出彼此的密碼之間，聲音創造的名片——密碼是社會地位的運用有一塊耕耘過的土地，有一種「文化」的參考點，此些共通點相似

力量及性社會地位的角色，可是一個電台有聲音密碼，此聲音的密碼是我們用字遣詞，以媲美國廣播電台的候特兒就知道自己在

舉足輕重的角色。

上場動作和聲調的時候，心理壓力必然招致的搭調，必然招致的「動作」件事，動作暫且受控地過度緊張，聲音就會

我們說話的角色色，心理壓力已就是的件事、動作伴事，動作暫且受控地過度緊張，聲音就會造這種就會

現象會使得聽眾立即對演說產生無意識的排斥感。這種現象在政治人物身上很罕見。不過，他們的說話方式到了國民議會就不一樣了，比起在聖馬羅的市集裡，在議會中操弄聲音比較容易，因為在市集裡務必真誠以對，否則制裁會來得又快又狠。

聲音經常洩露出一個人的社會文化環境，但也會傳達出別人「要他講的」。我來解釋一下：一個人在職場上的聲音，並不是他真正的聲音，這是一種「聲音眼神」，是這個人希望其他人在職場上看待他的眼神。真正的聲音是我們自言自語時的聲音，只有我們才能辨認出自己聲音真正的力量。

有意思的是，愈是位高權重的女性，聲音的頻率就愈低。這個頻率降了三至四個音，相當於五十年中下降五十赫茲。聲音變得比較溫熱。這種演變並不是像有些人宣稱的那樣，是為了讓別人聽清楚自己說的話而刻意追求的，因為我們都知道低音比高音傳得更遠；這主要是風向改變的結果。亞蕾特・拉古耶（Arlette Laguiller）[14] 曾經用她尖刺的嗓音在一九七四年宣告：「身為女性，我敢參加競選，成為這個男性共和國的總統。」但在二〇一七

我還在雷昂·史瓦茲柏格（Léon Schwartzenberg）喜歡手等溝通的會談上，絕對有必要和聲音變化的群體。他是政治家的子，就愈能令人信服或子說話。他對著媒體或是他的密碼群體演說時，在同一場會談上，絕對有必要和聲音變化的群體……

就愈不舒服，控制自己的聲音是令人不耐煩的；聲音愈低愈可以學著的聲音愈沉，強度和諧，音量低，帶著高度的聲音就愈高；節奏和諧，音量低的緊張感，就令人聽起來很安心。它就愈不舒服，控制自己的聲音是令人……

沒有生氣，第一條規則即是要懂得控制自己的聲音。薩科齊先生就是要懂得控制自己的聲音，他在那一刻就全盤控制得了自己的聲音。讓我們回想一下，就算雜爾的回想下算雜爾的……

年，這種聲音是過不了關爾的。

的密碼，短通維勤夫當時也沒有政治的助理跟醫師群，又不懂得密碼，而他就是醫學童，因為他沒有政治的助理跟醫師群，又不懂得密碼，而他就是醫語言不熟，他是政治家的說話，很值得的說話。他只保管了衛生部的密碼，實話實說的辭令，實話實說的辭令。比較像他自身的比他自身的，他的比較像他自身的。「」。

跟患者說話，而不是對著政治家或政黨。我們不得不承認他這種科學家、人道主義者的密碼儘管有一些準則，也是有極限的。

都市事務部長（ministre de la Ville）貝爾納・塔皮（Bernard Tapie）完全是另一種類型，但他也只在部長的特權圈子裡待了幾個月。他同樣也有實話實說的密碼，只是他的說話方式像個街頭頑童。他的聲音、社會密碼太過明顯，以至於無法被大眾接受。

在這些形形色色的大人物例子裡，要知道一種說話聲音的「密碼」（即對象身處什麼樣的社會階級），就一定要了解對方／對象。若我知曉這個密碼，我就能與群體同化，其他人也會認可我，接納我到群體裡。我安然無虞，我的領袖形象也受到保護。相較於以往，現今我們更憑藉聲音去看一個人，而非衣裝。聲音（說話的語調及方式）能夠代表一個族群（clan），有這樣的聲音便能顯示自己屬於這個主導的族群。

儘管西爾維奧・貝魯斯柯尼（Silvio Berlusconi）和貝爾納・塔皮一樣狂

語的媒介，讓它能上升到讓語言亂真的威力和力量增強十倍的聲音特色光芒…一個獨立的主要功用之存在的字，有一個就是做為語言在人聲的中斷，沒有句法；含義不明，不可使之亂真的呼叫。我們在這裡音樂的演說吧…這裡面沒有密碼相通，我們聽見的是旋律——句句別林默默中斷，沒有語語（*Dictateur*）但是人聲也會順應所有的人，都能與他心靈相通。

教育或智力程度的聲音必須阿尼懂得政治的密碼，以便讓各個階級的民眾都能知無論什麼

「但是，將群體當成編寫成高學歷的媒體再加以挿由都是慈善危機時代，儘管就像時代——透過一九四年廣播電

政治家選集《觀點報》（*Point*）的——這兩個人都把高學歷的媒體當成工具，都是這個人私密的音樂部的——恢復（récupération）的採過電

家，視和觀點報《…大獨裁者》（*La*

意思、詞音和詞義。同一個字有許多可能的詮釋。它的意思可以根據說話者不同而有別。有時候它的意思模稜兩可，造成「誤解」。人聲這種招來批評以及提供多種詮釋的能力，是人類創造力不變的來源。每個字都是由其他字去定義的。這些字的使用，只有在這個封閉的系統中才存在。人聲的樂音操控、晃動、操縱著言語，言語則能影響、說服或欺瞞、發號施令或設陷。由言語及其表達思想的能力所形成的聲音，在個人、群體還有自己的身上，施加力量。

個世代的演說，那一代的聲音。

馬勒侯以他那戲劇化、幾乎畫稱死者讓那一天的知名嘎音，以他在一九○六年十二月十九日，把搖顫的回憶之火，迎向莎拉‧伯恩哈特（Sarah Bernhardt）⑰ 發表這場荷馬的聲音變為人耳熟……這是屬於一

當維多‧伍現在……

女神采奕奕的……「這是喉音 R 隆作響，這些字拖得老長，甚至讓整個字嘟囔呻吟……有兩個母音好似都加在一塊，你和未來的亡」以及讓他們那一長列相貌不明的正義，送殯人殿隊，就讓他們那《悲慘世界》……尚‧饒勒斯（Jean Jaurès）⑯……尚‧穆蘭（Jean Moulin）⑮

政治聲音的潮流

著鼻音，顫抖的音調變化之間，說到底差異並不大。

　　在四分之一世紀後，一九八八年十一月九日，輪到了尚·莫內（Jean Monnet）⑱進先賢祠。在代表歐洲的藍色光暈中，密特朗對他的同胞——即歐洲人——發言。這一次的用字都很平凡，聲音沒有高低起伏：「每個人都象徵了歷史的一刻，一種面對生命的態度，一種做自己的方法：尚·莫內和抵抗運動，是為了愛國；勒內·卡森（René Cassin）⑲捍衛法律、讓法律與時俱進；尚·莫內為歐洲及和平組織做出貢獻……」歷史變得樸實起來，畢竟經歷過一九六八年五月那件事。世界變了，聲音的使用亦然。

　　如同一個人的聲音會隨著年歲而演變，聲音也有一部斷續寫成的通史。從拉斯科（Lascaux）壁畫⑳，到米開朗基羅的雕塑、書法或印刷術，直到林布蘭的肖像畫，人類不斷銘刻自己的記憶，但是聲音一直到二十世紀才鑽進我們的集體遺產中。從此以後，聆聽偉人的聲音不再是江中的月，也可以傳承給未來的世代，與人類活動的其他遺跡永垂不朽。我們知道如何捉捕聲音。當我們聆聽某個已逝名人的聲音時，便又重新回到那個當下。過去變成

作片，讓樣子這樣子這是那樣那樣——這全都屬於他們的時代。從他們的聲音，彷彿他們政治活動的回憶即刻振動，重新稱目聽——個

用到和語調，就算要用，也是為了讓人溶入這些幻想裡！出聲才——所有熟知的「那句，中·即是他調調中某些人身有的才華。

作或電影劇團導演渙。它也是為了讓人沉湎而生。改變音色而我們於——幫的回憶的時代——這些聲音就是發聲名·而更勝於這

海謨嘉賓（Raimu）那樣捲舌的音總是發得渾濁不清；你知道：你的眼睛很美的政治家，彷彿他活動的回憶悠然起目重新稱聽——個

是海謨嘉賓（Raimu）那種西豪麥克風的風劇性，彷彿把我們的回憶就——這些聲音就是修飾品，他們的面貌就更勝於這

韋（Louis Jouvet）在《納克醫師》（*Knock*）中，那句所熟知的「或是路易《大幻或或有一

（*La Grande Illusion*）中的皮耶弗黑奈（Pierre Fresnay）··其他的調調都個個特有的

九溢馬動侯的聲音，可以不需要麥克風更且教育勾起我——實的畫面或更準確地說，變成克風音的強度和還很少動。

《西蒙藝校（Cours Simon）··尚賈賓（Jean Gabin）那種充滿戲劇性，彷彿他活話轉過來

人實的畫面，比著他的照片或更準確地說，變成

174

那個時代算演說為業的人——我幾乎要說講道者——都是民眾領袖。他們必須跨越一道想像中的障礙。上面既沒有裝飾，也沒有燈光，無疑比在劇院裡更難跨越。因此，布景愈是簡陋，表現就愈是需要誇大，甚至滑稽。最好的聲音經常為許多大人物所妙用，像戴高樂一會兒是威風凜凜的凱旋將軍，一會兒是抱誠守真的一家之主，穿著三件式西裝，像個令人安心的長輩。在為穆蘭移靈的時候，戴高樂道貌凜然，沉著不亂，幾乎是生平第一次戎裝出席。馬勒侯的五官顯出以往奮鬥的疤痕，肩負著當下那一刻的莊嚴。他容色肅穆，緊咬著牙根，他的話投入一場打著過去的旗號，為未來而鬥的爭戰之中。眼神炯炯有光，好似操著堪比法蘭西學院院士的優美法語的演員，誦讀那些彷彿帶有黑白色彩的言辭。

不到四年之後，大學生占據了同一個地點，他們手握鋪路石，抑揚頓挫地喊著口號：「十年夠了！」他們的聲音是新世界的聲音，年輕且快速，社會在這十年中的進步比一個世紀還要多。我們聽見新的音色，新的節奏。人民不再處於對戰爭的恐懼之中，養分衝動就算尚未消失，也大幅減退了。應

是你死我活就止步這一步。

〇年代起屬於聽眾。一方面手機同樣是傳統合法性下，傳統合法性這個政治角色屬於直接賜予他個人的聲望，變成在這個聽息可以被合法性和魅力所攝。一方面民眾可以被合法性和魅力所攝——這個屬於被直接賜予他個人的聲望，變成在媒體上繼續存在。在車上媒體只是治國者的合法性是擴大這個源自於三種類型的國君的力量：二十世紀初，社會學的創始人之一，馬克斯·韋伯（Max Weber）⑳為政治

變型重要類型的國君的力量，在不可被看見的群眾邊——身而被權力令至今的定義，我們無法用至今的定義，而整天為我身變失了整天。我們無法所形……

重要類型的……

● 媒體、麥克風與風與聲音表現

該要展現，拿捏健美的外在結構，剛在法國就位，文化使然。在法國就位——享受人生「變成關鍵字，實之實也慶祝平之幾乎沒有了西方。七〇年代，而美國早已行之有年。一種自我欣賞、培養西方偏

形象，外在健美的「享受人生」變成關鍵字，實之實也慶祝平之幾乎沒有了西方。七〇年代，而美國早已行之有年。一種自我欣賞、培養西方偏

媒體的批評愈來愈舉足輕重，甚至顧及到外表，特別是聲音和肢體動作。自八〇年代起，有影響力的聲音不再戲劇化，而是更加電影化，像半身鏡頭那樣，距離拉得很近：政治人物在近距離讓人看見，讓人聽見，甚至和選民面對面。到了二〇〇〇年，他們要面對的幾乎是近身相搏，尤其是薩科齊。無論是對上記者或政敵，口舌之爭總是一觸即發。電視觀眾酷愛舌戰。

同時，領導者開始健身運動，注意身材曲線，把生活習慣搬上檯面，他們的聲音變了。他們的聲音從戲劇對白轉變成一般對話：演說的假想布景不再是一座舞台，而是和一小群觀眾在電視台的攝影棚或電台的播音室裡。從此以後，優質的麥克風和優秀的音效師，就變得不可或缺。Shure S M57是最常見的麥克風。它是動圈式、單一指向，由舒爾（Shure）公司製造，專為收錄樂器聲音和人聲而設計。自從一九六五年起，這就是美國總統的專用麥克風。所有美國總統的演說，都靠這支麥克風轉播出去，直到今天還繼續沿用。這支麥克風只接收人聲的頻率波段。它可以阻絕干擾的音源，同時減弱雜訊。它透過防震墊系統來減少觸摸雜音。傳達訊息的時候，讓群眾聽得

六三年六月在柏林的演說。

意義而資石樂團並照著科技的進步，柏林熱烈傳導者，這位領導者風格移俗，這位領袖群眾都可以使用科技，不只披頭四、雷查爾斯（Ray Charles）

代卻不能成為妙趣，也用過扭曲了聲音的藝術，最好像在了聲音，而麥克風，那樣的聲音而並未能馬上改變情勢，總是執意地，不層使用麥克風，因此記得失誠意去聖父麥克風的藝術，可是在學院還是不音。

如果直到證得樣重要的科技，希特勒的聲音數十年動的科技進步只帶來，面前講話在政治上帶來那時咖啡廳裡所領袖剛剛起步的改變，甚至決定了這項改變，他的聲音無法送到三十至三十五公尺以外的地方才顯露出來。

凡我們耳是最重要的科技，進步的科技帶來好的科技風尚，剛剛起步的改變，甚至決定了這項改變。

柏林」（Ich bin *in* Berliner），而不是「我在柏林」（Ich bin *ein* Berliner）。哪怕甘迺迪違反了歌德母語的規則，德國人照樣拍手叫好。甘迺迪的聲音很近，就在交談的範圍內，他是個在德國的美國人，正努力用東道國的語言說話。麥克風救了他。事實上，如果在沒有麥克風的情況下做戲劇化朗誦的話，他會像個發音不標準的演員在唸台詞，或是唱走音的女歌唱家，我擔保德國人會喝倒采。

麥克風把親和力引進政治裡。這種形式的聲音就是說話輕柔，好比行吟詩人溫柔地哄著我們。政治人物就像低吟歌手（crooner），對著我們的耳朵報告他的改革計畫。甘迺迪是政治界的法蘭克·辛納屈（Frank Sinatra）：當他對著群眾說話時，是對著群體中的每一個體說話。他在集體之中加入親密感。

但是，在政治人物與虛擬人群中的一名聽眾（或觀眾）間的親密特質裡，也有著很可怕的負面影響。依我之見，現今領導者的私生活會占據那麼大的空間，就是因為日新月異的科技改變了聲音，也拉近了政治和我們的距

就是聲音的音色。範圍內的頻率就將得播得好。如果那聲音可以不合諧音譜，在波中波裡沒演幾乎完整地被播音，

只有某些民衆都必須特朗風尚改變的起源——

前——好幾年前，民衆都是密之見。特朗蒙西廣播協會（ORTF）在一九六八年開放了調頻源——調頻（FM）的中波電台直到這年命做準，

跟誰比起來的毫無疑問是特朗德，此好有播得出去好有頻頻去呢？

男女對著是法國，在一場又一場的聲因為他們對演說的聲音中獨特魅力而領導著高人物對國人說話於其他用調顯星期有空而之甚少，政治家走下他的講台，不抽於的講台……正常的「正」而且可以自在過活的說話時，他——是樣音又是他

熱絡怪癖及今，仿佛是優缺點的人再是象徵我們法國的影高人物對國人發言雖然變得平易近人，個有著人性比較他

送出去。

當密特朗為頌揚尚‧莫內而發言時，他的聲音並沒有想要波瀾壯闊之意，沒那個必要了。馬勒侯式的指令及激情，都讓就事論事和象徵符號給取代了。再一次，關鍵詞是「接近」。二○一四年十月，一個霧茫茫的早晨，我在車子裡心不在焉地聽著霍蘭德叨叨絮絮。治國者不再期待我們一字不漏地聽他們說話。他們習慣講個沒完，以便占據媒體空間。從總統到部長，從反對黨到工會幹部，政治人物的聲音把這個空間填得滿滿的，損害了藝術和文化。但是，這些政治人物的聲音在電視或電台裡，都只是頻頻讓廣告打斷的背景聲音。怎麼讓人聽得見？這就是我們政治界男男女女當下的問題。

唯有一招能對付：時常重複一段盡可能簡單的訊息，有點類似一段旋律裡的低音聲線（ligne de basse）。領導者不斷評論一些問題和特定事件，但真正的重點是他們時不時就要重唱的老調，如一九九五年的「社會斷裂」，二○○七年的「工時長，薪水漲」，或是歐巴馬二○○八年的 "Yes We Can."。歡迎來到叮嚀再三，舉世皆然的時代。請注意，這些老調愈來愈貧

他的演說要回到過去，也因此，適合有太多世人也說上話，我們現在可能了……密特朗若出在今天，那個戲劇的時代，他政治人種，在他表現，可能就讓人長篇闊論了初選那一屆，就讓他書備也沒那大，像菲利浦‧塞甘（Philippe Séguin）[20]。

法國這種政教兼具精神與道德的國家，導致沒有這類政治家。高低起伏不了作用……歐巴馬說這個時代的現在政治傳道現性，就是現性的調性，總是朝向人民的同義詞，他的聲和未來的空間，經常沒有對歐巴馬的 "Yes We Can." 儘管受歡迎，但我很想像

政治人物 對這種環境，只要無須在當頭口號也驚嘆，於缺乏想在看見什麼現口溜順，那樣無補，而我們關閉眼看著話子維起來會曾出來下刺激國下的國別依的國有果，這只是歐巴（這也是但是因為流傳不住，口號也驚嘆於缺乏 subliminale 的資訊或是資訊量愈展開愈豐富，短句們我（information）。

就愈記不住並乏，口號也驚嘆於缺乏想在看見什麼現口溜順，那樣無補，而因為資訊量愈展開愈豐富，短句們我

182

大。大型會議中的情況就比較罕見了。這些會議的主要目的是展現演說者的健康狀況，臉不紅氣不喘地長時間說話的能力。支持者在被說服後，放心地離開了。

　　毫無疑問，政治聲音是有潮流的。「潮流」這個詞儘管微不足道，也未必就不中肯。政治人物不分男女，如果想要成功，就必須會唱時下的歌曲，認識他周遭的世界，他在什麼樣的聲音空間裡移動。這並非意謂他得當個饒舌歌手，而是了解饒舌歌手，用一種他熟悉的語言去跟他講話。以往，政治舞台上的「劇場演員」，那些政治界的尚‧嘉賓或路易‧朱韋之流，現今都被「連續劇演員」取代了⋯毫無緣由的，我們每天都看得見他們。他們永遠都不會是英雄。在有影響力的聲音裡，政治人物或領袖都必須多少受人仰慕、敬重且愛戴，才能獲勝。他的聲音是他的理智，更是情緒的媒介。

【譯注】

①奧森‧威爾斯（Orson Welles, 1915～1985）…美國電影導演、編劇、演員。

②路易‧拿破崙（Louis-Napoleon, 1808～1873）…拿破崙三世，即拿破崙一世之姪。法國大革命後，法蘭西共和國再變為帝制，法蘭西第二共和國的總統。

③即第五共和即拿破崙…

④全國「五月風暴」「mai 68」，是法國歷史上規模最大的學生運動，反抗戴高樂十年統治，法國國下瀰漫。

⑤讓‧維埃出任參議院前院長…二十世紀前半即布辭去…官布解散…政治…曾布任法國總統一…1968年法國總統…由參議院議長代理…

⑥哈里‧鮑爾（Harry Baur, 1880～1943）…法國二十世紀前半葉最重要的演員。

⑦賈克‧朗（Jack Lang, 1939～）…法國政治家…文化部長…推動許多重要的文化工程。

⑧羅貝爾‧巴丹戴爾（Robert Badinter, 1928～）…法國律師、教授、政治家。致力於廢除死刑的他，在擔任司法部長期間，成功讓法國在一九八一年廢除死刑。曾任法國司法部長。

⑨保羅‧魏爾倫（Paul Verlaine, 1844～1896）…法國象徵派詩人。廢除死刑的他不倫戀情…韓波的戀情最為人知，因為象徵主義詩人的先驅而下獄。其最廣為人知。

⑩謝爾蓋‧柴可夫（Serge Tchakhotine, 1883～1973）…創立法國右派的傳播學，名為「德國宣傳如何運作」，折射出宣傳的先驅之一。

⑪尚—馬里‧雷朋（Jean-Marie Le Pen, 1928～）…他的女兒瑪麗‧雷朋（Marine Le Pen, 1968～）在二〇一一年取代他擔任「民族陣線」的政治學家。

與總統大選，並進入第二輪。

⑫ 安德烈・馬勒侯（André Malraux, 1901~1976）：法國著名作家，也是周遊列國的探險家，曾任文化部長。他曾受到諾貝爾獎提名，最為人熟知的《人的價值》（La Condition Humaine）於一九三三年獲得襲固爾文學獎。

⑬ 馬基維利（Machiavelli, 1469~1527）：義大利哲學家、歷史學家、政治家、外交官。著有談論現實主義政治理論的《君主論》，以及共和主義理論的《論李維》。

⑭ 亞蕾特・拉古耶（Arlette Laguiller, 1940~）：法國政治家，曾經五度角逐總統大選。

⑮ 尚・穆蘭（Jean Moulin, 1899~1943）：第二次世界大戰期間，法國抵抗運動的領袖及英雄。

⑯ 尚・饒勒斯（Jean Jaurès, 1859~1914）：法國社會主義運動領導人、歷史學家，因為反對第一次世界大戰及殖民擴張，遭民族主義份子刺殺。

⑰ 莎拉・伯恩哈特（Sarah Bernhardt, 1844~1923）：法國十九世紀最舉足輕重的女演員，綽號是「神選的莎拉」（La Divine）。

⑱ 尚・莫內（Jean Monnet, 1888~1979）：法國政治家，也是歐盟的主要創始人，「歐洲之父」之一。

⑲ 勒內・卡森（René Cassin, 1887~1976）：法國法學家及政治家，也是《世界人權宣言》的起草者之一。他在一九六八年獲頒諾貝爾和平獎及聯合國人權獎。

⑳ 拉斯科（Lascaux）壁畫：位於法國多爾多涅省（Dordogne）的著名史前壁畫。

㉑ 尚・嘉賓（Jean Gabin, 1904~1976）：法國名演員，主演過多部經典電影。

㉒ 海繆（Raimu, 1883~1946）：三〇年代最重要的法國演員。

㉓ 皮耶・弗黑奈（Pierre Fresnay, 1897~1975）：法國演員。

㉔ 路易・朱韋（Louis Jouvet, 1887~1951）：法國演員、舞台劇導演。

㉗ 菲利浦‧塞甘（Philippe Séguin, 1943~2010）：法國政治家，曾任勞動部長、國民議會議長。

㉖ 馬克斯‧韋伯（Max Weber, 1864~1920）：德國的政治經濟學家、法學家、社會學家、哲學家，被公認為現代社會學和公共行政學的重要創始人之一。

㉕ "gratouiller" 和 "chatouiller" 都是「發癢」的意思。納克‧醫師要讓每個健康的病人相信自己得了不明經病。

Chapter **III**

與神靈的對話

L'essentiel est invisible

表現在我們擁有的每種情緒表達方法中，揭露我們最終是我們本質最私密之謎，也讓我們得以和赤裸的、與人之間、陰與陽之間的狀態。

我們以聲音的最高意識心靈化聲音，將每種情緒和感受具體化。它可以說是一種情緒的全像術（hologramme）。也就是一種和自己內在部分的自己對話。

人聲就像海中一粒粒不同的沙，七十億個人就有七十億個發聲，因此，人聲具有超驗性。嗓音具有無孔不入的內在特質，嗓音撫摸著無孔不入的人體樂器，它的化學作用存在於身體和靈魂之間的連結，就是祝福。

人聲發出的聲音都有各自的嗓音，在靜禱、念咒、祈願或祭自己中，呼吸能量變形（métamorphose）則能於身體和靈氣中，是聲音的振動，以及呼吸能量變形和靈魂之間的連結。

聲音之謎，是生命之謎，也讓我們得以和赤裸的自己以及呼應的人對話。

神明與聲音

自太古時代起，聲音就啟發人類創作了最天馬行空的故事。每一則神話訴說的都是這樣的故事。在我們的塵世間，那些千古傳誦的虛構故事之先河，包括了《伊里亞德》（*Iliade*）和《奧德賽》（*L'Odyssée*）、《埃涅阿斯紀》（*Énéidé*）①、《變形記》（*Métamorphoses*）②。

我們看見奧菲斯（Orphée）為了獲得天神的寬恕，用聲音誘惑天神。他的歌聲能夠迷惑野生動物、草木樹石，甚至地獄的守護者。地獄的守護者聽到他的歌聲後，釋放了美麗的尤麗狄絲（Eurydice）。還有，海妖企圖以歌聲勾引奧德修斯（Ulysse），奧德修斯事先請船員將他綁在船桅上，以免自己忍不住好奇心而想聆聽，抵擋不了那令人心動神馳的旋律。另外，厄科（Echo）是泉水與森林的精靈，她受到繆斯女神的啟示，能夠滔滔不絕地說

示儆懲罰力，拜此本領所賜，她在厭其煩地複製其他人的聲音判斷。赫拉發現她在複製自己的聲音，只能複述別人說過的話。厄科被囚禁在自己的聲音裡，卻有口難言。「這等於判決厄科」，這怒火萬丈，便奪走厄科的聲音，轉變於判決厄科只能以納西瑟斯（Narcisse）的回聲只能以……

曾經長住在山間受……納西瑟斯（Narcisse）影像消失了。「這等於判決厄科轉移人化納西瑟斯只能以……

宙斯是眾神之王，他的聲音會在空間仍然來自希臘神話，宙斯是眾神之王，他說的話是……

眾神吹上一口氣，他的聲音就有關神話，宙斯是眾神之王，他的聲音會……

宙斯請赫菲斯托斯（Hephaistos）③用水和黏土創造出第一位女性，她就是大地女神潘朵拉（Pandore）。

接下來的例子，依照這項訊息的象徵意義……「你永遠只能聽到自己受到懲罰的美麗……赫拉（Hera）……留下印記。

"mutos"，意謂「例子」的……

阿波羅的女祭司西碧兒（sybylle）能夠藉著聲音與天神溝通，她洞悉某

掌繫符。

些祕密，在載歌且舞的著魔狀態下傳布神意。西碧兒通常是成年女性，她是先知，或說是神諭的回聲，也是神啓的工具。神啓被視為天神智慧的諭示。她以第一人稱說話，擔保怪誕不經的預言及渉不相渉的回答確實來自她。她的答案有時候瘋瘋癲癲的，一定要經過破譯才行。她那神祕費解的語言，有著無數多可能的解釋。我們就拿她為一名士兵做的預言來舉例：*"Ibis redibis non morieris un bello"*。如果我們在 "non" 之前斷句，彷彿那裡有個逗點，那麼句子的意思是「去而後返，自沙場生還」；但是句子若斷在 "non" 之後，就表示「去而不返，將殞命沙場」。由此可知，聲音的旋律何等重要！

女預言家佩提亞（pythie）的角色則不同。這是德爾菲（Delphes）神殿中的一份官職。她只是天神的發言人，回答民眾的求問。

古希臘歷史學家狄奧多羅斯（Diodorus Siculus）告訴我們，德爾菲神殿周圍地面冒出的蒸氣會亂人心智，混淆五感。一名帶著羊群散步的牧羊人，注意到羊靠近蒸氣時，就會活蹦亂跳，興奮難當，發出非比尋常的叫聲。這

若說世紀才會被這些動的皇宮的演是凡是這是俊美……

菲神殿的時候，音色也不再相同，「她」的嗓門，三個人以佩提亞的回答，只有人迫不及待地去吸收這些東西，欣羊人也吸了這些煙。

的音色也吼「叩」的回答，於是的人迫這個消息很快，他吸了這些煙，接著聽到胡言亂語，胡言亂語到

的聲音被撩啟，管進入著性浸泳，有她能執達這些決定現幻煙，接著聽到胡言亂語開來，他猜起

她的腳進入著「她」的性浸泳，打造了一位少女這些希而關言亂語，胡言亂語到

的演是俊知佛來，但是，在蒸氣神功成為這些靈傳揚開來，他猜起

的訣情角色，最令人驚奇，將之置於坑上來就，結果他猜踩起而

那麼這項功色，秘密還在說話，她說變了她，透過這些視之為坑裡去祭司，這些為天神應該是一種種神不尋

那麼這項功用不是在，必須歷經德爾說話，這通由這張椅在神殿再，為天神應該是有某種神力輕名的常

歷經數爾話，神坐在這張椅再神殿，魔力輕名的常

其他國家，像是貝寧、海地和巴西的巫毒教儀式中，繼續流傳下來嗎？念咒不就是企圖讓神靈說話，讓前人復生，並且透過自己的聲音，讓神明的「顯靈」，前人的「存在」具體化嗎？

非洲多貢人的文化

在馬利共和國邦加拉（Bandiagara）的乾草高原上，多貢人所建立的宇宙觀，奇幻得像是從科幻小說出來的。這個小說裡，多貢人擁有絕對的權力，對造物質到生物既是宇宙住……

所有創造的二元性與互補性，以及生機（force vitale）的……兩個信仰則是建立……能活化……從礦物質到生物既是宇宙住……

神聖的三元素，也是創造者必要的元素……從礦物質到生物既是宇宙住的人類事物……

多貢人的神話中，聲音至高無上。

所有創造的二元性與互補性，以及生機（force vitale）……

多貢人的神話中，聲音至高無上的觀念上說出來的「完整並真誠的話語」。他塑造最初的胎盤，並真誠的話語的胎盤……

「丁」，接著空言虛語的神明可以讓人發展出聲音能力。從人類中被選召的「丁」，沒有聲音就沒有人類！

造物者有說話的權力，生育他。他塑造最初的胎盤，完整並真誠的話語是「丁」（Din）。「丁」，也讓臨殖的人類有受象，唯有臨殖的象……

對「丁」來說，聲音的力量取決於賜它生命的水。如果乾燥缺水，就發不出聲音。水能給予聲音流暢和信心，讓它生威。聲音的節奏就像河水，像奔流，像海潮。如果水不純淨，聲音就不真誠、虛情假意、謊言詐語、清愁視聽。火則是聲音情緒的來源：溫暖、熱情、粗暴或冷漠。土壤賦予聲音密度，即生物的骨架。空氣是話語的終極來源，授予其魔力。多員人與大自然相依共生，尤其與星座中最亮的天狼星契合無間，他們令人嘖嘖稱奇的信仰，教導我們知識與經驗的傳承，與聲音這個會振動的「DNA」，有多麼密不可分。

他們不只模仿人聲，還傳達了風聲獸音，或更確切地說，也去除他們為人類帶來的焦慮。這些字、歌聲、吼叫或狀聲詞，都不是他們發出來的，他們只不過是這些兒語的中繼站。他們的聲音力量成為絕對（不是我，是先人在說話），他們被聲音附身。

在這裡，發訊與接收的概念變得很重要。發訊者是創造聲音的那一方。他可能是在作戲，在扮演一個催眠者的角色，只是其他人都認為他真的是催

在這種拆開多賣訊息師即是聲音的發送者，同時也是接收者：他就只是藉著的郵件，一個人為讀者服務。但在其他狀況下，你就這樣去除了你個人為你個人為聽佣，你的郵差他也個人的郵差。

一種拆開你佣師即是聲音的伴件，一個人為讀者服務。在其他狀況下，他就這樣去除了個體會利用群體的焦慮。他就像

呼麥，泛音詠唱法

對我這個喉科醫師來說，西藏僧侶的呼麥長久以來代表著一個謎。這種幾乎像是來自外星球的獨特聲音，會發出一種神聖的共鳴。當我為這方面的大師——陳光海（Trân Quang Hai）——做檢查的時候，我簡直像發現了新大陸。一九八七年二月的一個早上，陳光海打電話給我，帶著他的妻子白燕絲（Bach Yên's）來到我的診所。我為他進行檢查。他的症狀只是普通的咽喉炎。經過他的同意後，我們用纖維內視鏡檢視喉頭的動態情形。對我來說，那真是千載難逢的良機，可以近距離窺見呼麥聲音的奧祕，明瞭這種聲音是如何產生的！

我從他的右鼻腔中插入纖維內視鏡。攝影機讓我可以從螢幕上跟隨內視鏡前進。來到鼻腔上方，即咽部的頂部後，內視鏡繼續前進至懸雍垂的後

咽部，接著來到喉頭。方

象是聲帶如常來到咽部，接著開始響應到喉頭

我前所見，接著用他不常用

我請他不停地用呼麥唱法，聲帶在上方靠攏的聲音稱為《快

唱》假聲的狀態，輕微靠攏的聲音稱為《快

唱》假聲的狀態，還微微向前靠攏，都非常

《快唱》的肌束並非常小的關節的軟顎、舌頭，這正是於

被我捕捉下降下只像不見前所實在聲帶振三至四公釐那樣數這個變成假聲的情形（假人）。聲帶來到靠攏和在振狀的還假聲帶「聲音向前移動的樂器，於是避勁地收縮喉頭的軟顎幾乎遮住聲音，這正是正常喉頭舌頭，

軟骨不得不降下眼前所見

度，

觀察和爾爾也在這個

情況，讓人就比運動變成

整個喉室就比運動變成（假

聲）。我觀察到內視鏡發現聲帶振動時

複雜又迷人的發現了觀察到振動的黏膜每四千張的樂器

的絕密呼吸和腹語的樂器—

我從舌頭或軟顎的角度

力學的角度

我原以為的相反，觀察到內視鏡發現聲帶振動時實在令人驚歎

讓這個整個喉室變成一個全體都在振狀的樂器我就比運動變成（假聲）。聲

我發現了觀察到振動的黏膜每四千張的樂器我

我從舌頭的聲帶跟我的攝器的絕技。

角度的軟顎跟我們

這種唱法又稱「泛音詠唱」或「雙聲唱法」。共通點是舌頭在喉頭及咽部間的位置，能讓持續音（bourdon）——即非常低沉的頻率——在一段旋律組織起來的過程中，得以保持。持續音是第一個基音，有點像是第二個音的基礎。在同一個吐氣上，以同樣的頻率、同樣的力量，維持恆定的持續音，可以讓旋律架在它上面。長久以來，這個技巧就為佛學哲理所用，是內在性的樂器，異於朝向超驗性的歐洲文明。

聲音在印度教中也是基本要素。梵文的 "aum" 這個音節，代表神聖的原始振動，藉由四十種發音法，成為能量的來源。聲音在這裡同時具有內在性與超驗性的力量。

呼麥的力量之所以會那麼獨特，不只是因為它傳遞的訊息，還因為它必備的技巧。並非只有西藏僧人才能唱出這種獨特的聲音，我們也可以在蒙古人、圖瓦人身上見到這個特點。呼麥的技巧接近腹語術。3D 掃描影像顯示了與腹語師這種聲音魔術師幾乎一樣的影像。他們的共鳴腔很相似。

上帝的聲音與聖歌

解釋為神的話語。

撒冷派給道教之「上帝之聲」。上帝之聲」——空靈的、飄渺的、奇妙的、摸不著者，門看見，我們看不見、摸不著者，無形、無影、無聲的帝空的奇妙的聲音，不到對凡人無聲。

正是從這個聲音「……你是誰？」自然而然從母親的懷裡，未族長、所羅門王的懷疑，被陳述到一個簡單的神等人強大的聖音，在《聖經》或「聖經」替這個謎回答說：「從上帝的話中，就有了光。」

④阿拉之每將那路撒冷

米語（araméen）中的《十誡》，不就意謂著「神的十句話」嗎？數千年來，宗教的讚美歌都是以「哈利路亞」為韻律。母音的連結是人聲的支柱。聲音以字為衣裝，但就跟在其他領域一樣，演說的音樂性凌駕了字義本身：宗教是不能沒有聲音的，反之亦然。猶太會堂、新教教堂、天主堂、清真寺、寺廟……這麼多建築物，都是人類為了冥思並讓信徒的聲音迴響而發想出來的。

　　一直以來，教會都對聲音抱有戒心，一如它也戒備著言語和歌唱。為什麼？因為聲音傳遞音樂，更常傳遞苦痛或悲愁。教會防備人聲的不潔，卻又不能沒有聲音來讚美上帝。為了解決這個矛盾，其辦法就是將聲音依照純潔度高低來分級。

　　在這樣的背景下，猶太人、基督徒和穆斯林有志一同，以各自的方法提防女性聲音所帶來的危害，因為女性聲音具有誘惑力。女性聲音的本質被認定為撩人情慾、擾亂人心，因此女性被禁止念禱或主持彌撒。畢竟在宗教裡，聲音的力量大多在祈禱或育誦經文時施展出來（在宗教中，其他運用聲

東正教亦然，他們排除所有樂器，以便發展非凡的複音音樂，因此，東正教的唱經班。

⑤ a cappella，絲毫不把經由音樂聲加強美化的讚美上帝或向上帝祈禱的任務，交給樂師或唱經班，是死物。新教那穌以來的淨聲音，方已清楚明現了基督教儀式中的力量。對喀爾文（Calvin）來說，「比起

視為夢寐以求，在尋找純淨而中選的音質。天主教堂的場合，如布道、講經、訓誡——最少五次傳統旋律——歌頌讚美其中節奏地說。此外，較貼切的字句向大眾演說的發表《可蘭經》——絕大部分的說法，歷史來召喚民眾禱告，是清真寺用伊斯蘭教的宣禮，新教徒的說法，應該是遵照所有規則。

唱的音樂規則大教的場合，如布道、員的音質，或是根據某種唱——領唱者（念經、講經、訓誡、此外，較貼切的字句向大眾演說的發表——絕大部分的說法，伊斯蘭教的宣禮官禱告應該是遵照所有規則，兒童歌聲被其他為成用，因為清真寺用是清真寺用，都是明確

正教的聖樂只用人聲來表現吟誦經文的藝術。教會及世俗事務運用人聲的方式不同。音調將人聲改頭換面，使之變成樂器，人類透過它來表達對造物主的讚美。聲音的互動讓每個人和群體產生共鳴，聖歌就是從中而生。

　　數千年以來，聖歌已臻藝術的最高境界。它造成歌劇的誕生，繼而由歌劇運用把人托上天的能力，體現了聲音的力量。

催眠的力量

說到催眠在精神醫學方面的發展，法國的皮提耶—薩爾佩特里耶醫院（Hôpital de la Pitié-Salpêtrière）及南錫學院（Ecole de Nancy）扮演了重要的醫院。

先來談談歷史：一八四三年，蘇格蘭醫師詹姆斯·布雷德（James Braid）⑦創造了「催眠」（Hypose）一詞，讓催眠術在科學與表演之間重新被發現。較可敬的嫡傳弟子——佛朗茲·安東·梅斯梅爾（Franz-Anton Mesmer）⑥醫……

我們「神遊」那種自然現象被催眠應用在醫學上。催眠狀態只是在醫療中，雖然不過這是非常令人聯想到魔法的力量，每次我……的另一種狀態而已，就是與睡眠……不相同。但這是催眠愈來愈常被應用……天差地遠——每個人催眠狀態只……

角色。在現今的精神科及麻醉科中，都會應用到催眠。磁振造影技術可以讓我們更加理解它。大腦某些異於放鬆或睡眠區的區域，都在催眠過程中特別被活化起來。

我們可以在一般醒著的狀態中，劃分出兩種類型的意識。第一種是「評析」（critique）意識：它看見細節、分析、剖析、研究並保護我們。這個意識狀態比第二種冷漠，也比較疏離。我們可以稱第二種為「催眠」意識：它比較從大處著眼，比較如夢似幻，奠基於創意和想像力上；它比較「溫暖」和自然。我們在一天當中，會在這兩個狀態中自然來去，或深或淺，程度有別。為了特定目的而被挑起的，就是這個「催眠」意識。

「催眠」意識的基本原則是分離和感知能力（sensorialité）。藉由分離，我們會聽見「我的肉體在這裡，靈魂在別處」。

催眠現象的前提是，意識和記憶必須有所改變。催眠讓人的敏感度得以在暗示及提醒下增強。我們潛入一個世界，在那裡，問題的答案可以天馬行空、稀奇古怪、令人意想不到，那裡的念頭都很陌生，甚至欠妥。

「安慰的聲音」，這裡必須加上至關重要的一點，就是到「靜下心來」之處找他。一個緊張、甚至會令人心焦躁的人，不會讓焦躁的患者放鬆下來，因為靜不下心來的人，就是患者所在之處。用沉著而放鬆的聲音對她說話時，必須輕聲施行，患者所有催眠所需要的、一種突如其來的放輕鬆的元素的用沉。

雜訊，而言旨是不可或缺的元素。就得更詳細，提高患者讓她保持沉默。施行催眠之前，患者會放鬆下來，患者會放鬆下來的期間，全神貫注地聆聽，深吐氣隨著他，但是沒有放。

事先告訴我，第一次看見我納伯醫師施行催眠讓我大吃一驚，因為沒有人打開了我的眼界，讓我知道催眠狀態能便於維。

伯納德（Bernard）

醫院裡的麻醉科醫師，還可減輕疼痛且經常能改變狀態。

● 催眠與麻醉

狀態，也有另一種一切負面元素都會被放大的出神狀態。因此，我們要用比較活力充沛的語氣，還有話速要快，到患者所在之處找他。一旦患者和治療師都位在同一個波長上，治療師就可以逐漸放緩節奏和聲音的強度，如此才能帶領患者到一個比較平和的狀態中。為了達到目的，他會運用「同步」（pacing）這種讓兩人的呼吸同步的技巧，使自己的呼吸節奏配合患者的呼吸節奏。就算治療師不說話，實施「同步」都能讓人鎮靜下來，特別是那種容易焦慮、難以催眠的患者。

為了更了解這些意識狀態，我們來舉個例子。當我獨自坐在車上的駕駛座，在高速公路上奔馳，而且覺得無聊的時候，我可以讓思緒「離開」，又不至於睡著。如果我需要超車，我可以毫無問題地「重新凝聚精神」，我打方向燈、超越前車後再駛入原來的車道。一旦恢復平靜，我的思緒又可以「重新離開」了。

在催眠的出神狀態中，麻醉科醫師用說服但不強迫的聲音請患者運用感知能力，挑一個愉快的私人回憶：「您不要想，要用感官**重新體驗**它。」

輕柔、中，這些會令人安心的聲音，輕柔送著這是狀態。

中心」不要擔心。含此外，中的音色中的單調治療者的情緒治療

中、這些會、「會」、「心」不要擔心，這不會意識會避免任何受到干擾到一定句。「會很久，我們必須「會很久」的聲音擾亂催眠過程的聲音障礙，卻不使意識在意之中，我們

好像字就比較在暗示「比起我們必須但訊息卻不讓患者放心取得其正面的語氣，我聽著「關鍵」的正面的畫面的收成告訴他正面

就用字好像在起比起暗示「催眠者的聲音的情緒抽離，以能流露在共鳴以聲音種半點注意力都必須配合空間來單調，但是狀態才是這是狀態

催眠的有效，一般情況下的聲音若要強調力量令人驚訝，因為狀況以平是顛倒的。一般情況下的聲音若要強調力量令人驚訝。我們總會在任何道迫之意，以便牽動半點注意力，不能流露在共鳴半點注意力配合空間來單調，但是若是急狀況，假設任患者腦

師聲音的情緒治療者再單調有效，一般情況下治療師的聲音就必須若要強絲調平要令人驚訝，因為狀況以平是顛倒的。一般情況下的聲音仿彿不帶力量。我們總會在催眠者的情緒帶有任何身的感情，不能流露在任何道迫之意，以便牽動半點注意力配合空間來單調，但是急狀況，可以假設任患者腦

者再單調有效，治療師的情緒治療。

我們的感覺。

　　稍微受過訓練的人也可能施行自我催眠。在這種情況下，患者與治療師合而為一。

　　葛利果聖歌或是藏族宗教音樂的音調缺乏變化，因此設置了催眠的條件。聽這類音樂可以達到神思恍惚的狀態，我覺得這似乎就是所有樂迷所追求的效果，因為樂音潛進一個特殊的狀態中，可以帶著聽者直達出神狀態。由此可見，每個人的大腦有多麼容易接受催眠。

【譯注】

① 埃涅阿斯記（Enéide）：羅馬詩人維吉爾（Vergil）所寫的史詩，描述特洛伊王子埃涅阿斯在特洛伊被希臘人攻陷之後，帶著特洛伊人逃到義大利拉丁姆（Latium）地區，成為後來羅馬人的故事。

② 《變形記》（Metamorphoses）：羅馬詩人奧維德（Ovide）的作品，記錄了希臘·羅馬神話中有變形的故事，例如雕刻匠皮格馬利翁（Pygmalion）愛上自己雕刻的雕像加拉蒂（Galatée）的故事。

③ 赫菲斯托斯（Hephaistos）：希臘神話中的火神與鐵匠之神。

④ 出自《創世記》第一章第三節。「神說：要有光，就有了光。」

⑤ 阿卡貝拉（a cappella）：「一種無伴奏的純人聲合唱。」

⑥ 梅斯梅爾（Franz-Anton Mesmer, 1734~1815）：奧地利醫師·神祕主義者·被稱為「催眠術發明了」。

⑦ 詹姆斯·布雷德（James Braid, 1795~1860）：蘇格蘭外科醫師·被稱為「近代催眠之父」。

Chapter *IV*

聲音表演的各種可能

Le spectacle de la voix

萬物始於聲音，聲音是第一聲音。而人類第一聲音，是遠古透過那最初的那一聲呼喊，顯現出生命——即大自然的方法，那麼人類也是因為它顯現出生命，才屬於這個自然靈感發展出世

界。這些人類一聲音，從最原始的傳遞，一直都是第一聲音。初始於聲音傳遞——即文明都成為自然的歌曲和聲音這種兩種藝術，此事的因最為自然的聲音——即大自然的證明之後，自己的聲音源——這些人類一聲音，從原始到傳統的價值，一直都有模仿大自然過這個最初那

式，在所有已存的宗教儀式之歌中，都有人聲。女性的人聲相仿，男性相仿——這也是這種藝術仍舊是一種多樣。此等的社會表現式都有人聲，也總是合作表演都是不等的社會中，女性都有人聲，這種不一樣，這也是這種藝術最普通的因素。

就成「一種扎實的訓練業，以情緒為手段及目的的藝術受褒貶，同時有些人天生就能掌握吃飯唱祭典民謠，因此，必須持續的苦練之外，聲音的曲子以外，就是在表演目之前，先演唱是不等將聲音編造，而演角戲，獨特聲音編造，而演唱目之前也」

是注定要有一批接收並評論它的群眾。歌唱或說話無非是依靠各方面的詮釋方法，才成為藝術的。首先是一種需要抱著決心、毅力和熱情去苦練的技巧。腹語師、模仿藝人、演員或歌手都需要聽眾，讓自己的聲音迴盪傳揚，這樣聲音才能充分顯露出力量。因此，詮釋者不得不超越自己，將人類聲音的極限向外推，歌唱無疑是聲音最完善、最令人迷醉的表現方式。

腹
語
師

儘管數百年來，圍繞著腹語這種藝術的謎團，其原因老早就被揭曉了，但是腹語師至今天是開曉了，但是腹語在過去則是曖昧的片段。何依然許多人著迷不已。因為這種聲魔法，今天開心果，在過去則是曖昧的片段。

登營場（l'Olympia）已經是熟面孔，也曾在這不同表演過。超過八百萬名網友過他在全球受到迷惑了②〇一達人秀》（Britain's Got Talent）的觀眾和評審在英國的電視節目上表演。他在這個夜總會和馬戲團裡活用國家劇院長期表演，也是他藝術師薩姆·安娜王妃瓦和利（Jérôme Savary）的梅特拉（Marc Métral）②〇一這是一隻小狗秀，達四年，這位六十多歲的才果能人……他是馬克·（Chaillot）國家劇院，紅磨坊——法國有個奇才

是巫師，人們相信他們有超自然的聲音力量，可以施加在人身上。正如前述的古代女預言家，腹語師代表著神祕力量，他能與死者對話，讓死者發言並預測未來。

腹語師讓人視若神明。但是也多虧了神諭，他能自由表達人民的請願，有時候還可以反抗政治力量，因為那並非真的是他在說話。然而，他所具有的精神性質，才是他的首要功用。「腹語師」（engastrimythe）一詞的來源明確易懂：希臘人稱之為 "egastrimitos"，"gaster" 指腹部，"mythos" 是聲音。希波克拉底（Hippocrate）②率先試圖描述：「腹語師有個來自腹部的聲音，是由內在力量發出來的靈魂之聲。」希波克拉底只是複述《聖經》裡的回想而已（《以賽亞書》29:4）：「你必落敗，從地中說話；你的言語必微細出於塵埃。你的聲音必像那交鬼者之聲出於地，你的言語低低微微出於塵埃。」

第二個例子依然出自《聖經》，腹語師還出現在《撒母耳記》中掃羅（Saül）那一段。掃羅前來求教隱多珥（Endor）的女巫，這位當時最有名的

這個情況一直維持到十七世紀，我們還能在這位義大利帕多瓦的解剖學家布里休斯（Fabrizio Aquapendente）的文獻中找到。「師者，無需翁動雙唇，僅靠非靠胸腹清晰發聲。此舉違反自然，乃魔法及妖師者，無常翁動雙唇，僅靠非清胸腹清晰發聲。此舉達反自然，乃魔法及妖

從巫師到腹語果

自古以來，腹語術就與魔語密不可分。

「自古以來，我透過腹腔說話，感受到會在舌中拿至夫明不……」「招魂師的聲音仿彿自己的聲音和撒母耳的雙層疊動也……

與招魂師以來擁有預言以來的王將他的預言加以來」十歲過世的撒母耳從墳中招出撒羅會為王家聞一段自己的聲音進行溝通的能力「招魂師的聲音從他的耳身上獲得訊息和撒母耳的魂魄才得以其他的媒介維持不……

「動王啊，妳要解釋聲音從哪兒來？撒羅會為王家聞撒母耳的靈魂被召喚上來，從地底傳來的聲音仿彿自己的聲音和撒母耳的魂魄雙層疊動，嘴唇和耳朵也未動。非利士人會襲擊他撒羅王在招撒母耳的神所遵循以間的媒介其他企圖

術。」教會選擇支持這種論點，而并開始認真研究這個似乎觸及靈魂之聲的異象。

接下來《百科全書》（*Encyclopédie*）出現了。十八世紀末的法國數學家尚－巴蒂斯特・德拉夏佩爾（Jean-Baptiste de la Chapelle）神父是《百科全書》的作者之一，使得腹語術從此被視為一門藝術與特技，不再是巫師的法術了。這位聖傑曼翁雷（Saint-Germain-en-Laye）的市民，對於理解這些現象深感痴迷，無論如何都想知道不掀動嘴唇要怎麼構成母音，如何不開口也能發出聲音，還有腹語師是怎麼讓自己的個性一分為二。他對腹語師的執著可以回溯到一場晚宴，那時一位腹語師的表演把他迷得如痴如醉。

一七七○年二月十七日，聖吉爾（Saint-Gilles）先生素聞德拉夏佩爾神父對腹語師有濃厚的興趣，便邀請神父隨他到離聖傑曼翁雷城堡不遠的一家店鋪後方。聖吉爾先生開始敘述一些有趣的故事，神父的目光沒有移開過。接著，聖吉爾先生閉上嘴巴，望向天花板，突然間一段來自遠方、遙不可及的聲音，呼喊著：「德拉夏佩爾神父！」神父當場愣住，也跟著緊盯天花

爵的口袋剛剛活了過來。

這樣，把布偶收進了口袋。就以為有權威代表正義的布偶總是被允許自衛嗎？先生……」悠還是真意地說：「請問啊……」男人就是男爵。

答道：「就算攻擊是要傷害他人，但還不容易勿他——他……」

布偶剛活了過氣，口袋裡傳出一陣吟聲，彷彿被厚厚官甚至衝到喉嚨口，透不過氣，男

口袋這邊活了過來，因為力氣大，布偶收進了口袋。如此鮮活，又好像是靈動的，行經的一陣吟聲，彷彿被厚厚官甚至衝到喉嚨口，透不過氣，男

小布爾神父在三月三十日這一次，對著布偶說起了另一位，悠帶來的消息，這點愛意也沒有。

布偶雙拉夏佩爾神父同年在德拉夏活動過了，布偶佩爾神父只有這……布偶佩爾神父又疑心的腹部用話語肘根（Mengen）男爵

唇絲滑面後，他又按著兩抹不減的臉平從這邊傳出來，可是聖吉爾光過了幾秒鐘，他看著這次的先生，看著這次的喉嚨……神父疑心未減，神父疑心未減。

來。軍官不由得鬆手，仿佛那是一隻受傷的動物。於是，男爵讓這位年輕軍人看了看，其實那只是布偶，一根包著布當作外套的普通木棍而已。天衣無縫的幻象：男爵的嘴唇沒有動過，臉上流露出同情布偶的表情。布偶和男爵間活潑生動的交流，加強了魔術的效果。

男爵在這裡發出兩種聲音：第一種是布偶在打開的口袋時發出的近距離聲音，第二種是布偶被「關起來」時的遠距離聲音。

怎麼可能會有這樣的事呢？我們提到嘴唇、牙齒、食道、腹部，也提到天賦異稟……當男爵被問到他自己怎麼解釋時，他似乎覺得這一切再自然不過。對他而言，他的聲音能製造假象。他的布偶讓他可以說出礙於身分而無法說出口的話，允許他出言無禮。

他的左手拿著布偶，在雙頰、舌頭、牙齒間構成它的聲音，但沒有感覺他的腹部和胃部有特別用力，或發出任何聲音。他著重在舌頭的活動性，呼吸以及他給予的節奏上，來進行他和布偶之間的「對話」。

技藝的秘密，今天的巴黎……

小猴子的天賦。還有他的，我想邀請過來……我知道他的「他」——他的玩偶瑞迪（Fredy），是如何誕生的。他走進我的診所，克里斯欽·加百列（Christian Gabriel）他自幼年時就和他形影不離的調皮搗蛋，他的雙手就被發掘出說腹的調皮。

聲音中的「他」我

聲機制的那個時代，那個時代還沒有能夠在腹語師發聲時觀察聲音的工具，要分析這個發聲是不可能的。

一八七六年，弗雷·尼曼（Fred Niemann）和七個玩偶眾對話，他在迷人的舞台上從他推向另一頂點，他讓自己創造的七個玩偶和七個玩偶，他們演唱、解釋問題，勾起另一種聲音，造出一種七個玩偶的好奇心靈對談，並用自己的活得令人，進入他們自己的將，一個愚他的聲群。

次元之中，他……

音對腹語的

一想到要在診所讓語音矯正師聽見他的「雙重聲音」，克里斯欽就非常戒慎恐懼。但是佛瑞迪打斷他的話：「你會弄痛他嗎？」我們切入正題了。我該對誰回答呢？「不會，我不會弄痛他。可是您不必先暖個喉嗎？克里斯欽。」「他不必。」佛瑞迪回答我，搖了搖頭。

那就來吧。我把內視鏡插入他的鼻腔，穿過喉嚨後部，懸壅垂後方，直到喉頭頂部。唯有這個方法能進入腹語師的重點機關！為了避免妨礙嘴唇、舌頭、下顎或喉頭肌肉的動作，不能在嘴巴裡插入任何東西，他才能自由說話或唱歌，咳嗽或笑。

佛瑞迪這隻小猴子玩偶的模樣非常討人喜歡，非常認真地看待自己的角色，幾乎像個真的病人。克里斯欽是遊戲的主持人，讓佛瑞迪的聲音──當然還有他自己的聲音──活起來。克里斯欽讓佛瑞迪說話的時候，給予佛瑞迪獨有的聲音。我們觀察到克里斯欽的腹肌在這個時候會收縮。

我們在同一次吐氣中，聽見佛瑞迪和克里斯欽的聲音。這兩者之間的交

舌頭有三都有喉嚨維斯說話時的小骨，佛瑞迪說話的時候，肺活動完全不連續，讓我們有兩種平常的感覺，好像他們兩個同時在講話一樣。

迪發出幾個輔音時分：舌尖從上方接近它們，但並沒有觸碰過，肌肉鬆弛地自然地恢復原狀。

的聲音時，舌尖的角色，它們都被肌肉收縮，幾乎黏在下顎骨運得緊的力量才行。

聲音的上方接近它們，利用舌面和咽喉，復上喉頭上升。斯欽說話的時候，肌肉收縮，幾乎黏在下顎骨運得緊的力量才行。

的出口齒牙縮緊，咽部肌肉的狀態，位在甲狀他的喉結似乎卡住。

就是取到但是未觸到咽喉中形成軟管，軟顎的喉頭側肌，他的喉結似乎卡住方克里的。

的口腔或是留在後面，但是喉頭就送出舌頭送有懸掛，軟顎、咽部肌肉全都是繃緊的喉結似乎卡在方卡里的。

而是送出聲音的——斯欽狀軟上方迪說話的小骨是舌骨的自然的狀態，位在甲狀他的喉結似乎卡在方克里的自然活動的。

聲音的——丁佛瑞迪這些都需要總是循溜吐氣，讓我們幾乎令人心驚。

至公釐的地方。環狀上方的小骨迪說話的時候，肌肉收縮，幾乎黏在下顎骨運得緊的力量才行。

這些都需要總是循溜吐氣似乎令人心驚，讓我們有兩種平常的感覺，好像他們兩個同時在講話一樣。克里斯欽為了發出佛瑞迪真是個兩種聲音。

聲音的幻覺同一次令人心驚，吐氣似乎令人心驚，我們幾乎，嘴唇即自然地發出佛瑞迪天無聲音。

222

管道改變方向，加強了腹語師施幻的能力。這就是誘導術（misdirection）。克里斯欽在十分之一至十五分之一秒內這種破紀錄的短時間內同步進行。克里斯欽說話的時候，喉頭會回到最初的位置，呈倒圓椎狀。舌頭回到正中央，而沒有把喉頭「往上拉」。嘴唇正常掀動。

　　3D X光影片可以補足纖維內視鏡，讓我們更加了解整個發聲器官的肌肉、關節和骨頭的作用。我們幾乎可以將整個發聲器官盡收眼底，舌頭、喉頭、軟顎直到嘴唇的肌肉收縮，顯示出對腹語師而言，肌肉必須很強壯才行。X光影片揭露喉頭關節的靈活度，以及位在甲狀軟骨和環狀軟骨間肌肉的快速反應，可以讓佛瑞迪的聲音換回克里斯欽的聲音。這個切換的動作也需要用到下顎骨下方的舌骨；整個舌頭的肌肉系統，還有從舌骨到喉頭的肌肉，都是立於這塊骨頭之上。亞伯‧卡斯楚（Albert Castro）和羅道夫‧甘柏（Rodolphe Gombergh）醫師非凡的掃描和磁振造影功不可沒，清楚揭露了腹語師的基本特徵之一：強勁有力的喉嚨肌肉，讓他們成為喉頭的柔體特技演員。

腹語師並不會強迫自己的聲音。

第二，以上，以佛瑞迪請教一個聲音變化的時候，克里斯汀欽他從正常胸腔共鳴的振動模式，因為被現在顯微鏡看得更深入。唯一不容易看見的，好不容易才看見咽部共鳴——喉頭——兩個聲帶在克里斯汀欽喉頭達有擺動的現象，然而它卻是個別的聲音。當克里斯汀欽從中達有擺動，明顯而且自己的聲音可以另一調——官——十幾分之一秒。

光譜攝影（spectrographie）可以了解一個聲音轉換到另一個聲音的時候，克里斯汀欽他從正常胸腔共鳴的聲帶比較尖銳就在克里斯汀欽喉頭達中遲有擺動，當克里斯汀欽說話的時候肌肉群遂，他的肌耐力提供比運動員。他的吐氣穩定位吐氣穩定纖維組即將維持正常的時間，持續七至十五秒來構成。

我們知道喉頭是振動的來源，但這樣還不足以發出母音和輔音。共鳴腔變形，然後才產生魔法。母音和輔音的構成不只取決於口咽空間的形狀，還有控管這個區域的神經之速度以及呼吸能力。腹語師彷彿在嘴唇後面生出嘴唇似的。由於某些輔音和母音在嘴唇幾乎沒有掀動的情況下，非常難發音，因此這是非常困難的技巧。腹語師這個聲音的柔體特技演員，就得在字母上玩花樣，讓聽眾不自覺地重新組字。這是機械和語言創造之間的化學作用，需要動用到大腦的語言區。某些字被其他字替換了；這種說話的操練可是很了不起的。腹語師的大腦皮質真的是在學習第二種語言。我們的左半腦在理解這些字之後加以解碼，而這些字不一定是腹語師說出來的那些。他說"Hexico"，觀眾會聽成"Mexico"。事實上，某些像是"M"、"F"或"P"的音素，我們需要閉上嘴巴，再掀動嘴唇，才能發得出來。但是腹語師不能這麼做。這時候，瞞天過海的功夫就會發揮到極致。觀眾聽懂什麼，比聽見什麼還重要。

　　佛瑞迪說話時，克里斯欽讓嘴唇固定在牙齒上不動。對每一個人來說，

牙齒是咬字的支撐，對腹語師而言更是如此，因爲在他們身上，牙齒咬合是關鍵。他們當中有某些人會緊緊咬住菸斗，以便於說腹語。

光憑肉眼觀察並解釋腹語術這個現象，並不是一件易事。用眼睛和耳朵去細察玩偶或腹語師時，永遠無法同時注意兩者。如果我們企圖從他腹語藝術的細微之處逮到他的小尾巴，就必須在他從自己的聲音轉換成玩偶的聲音時揭穿他。

腹語師爲我們設下了對他自己有利的陷阱，因爲我們會過分注意他在說什麼。在腹語術中，即使看見和聽見是分開的，也是息息相關。在十幾分之一秒內，我們就將注意力從玩偶轉到藝人身上。

當藝人的動作和他**那些**聲音搭配無間的時候，就達到了腹語藝術的巔峰。觀眾的目光受到藝人的目光帶領、指引，甚至操縱，結果耳朵就搞錯方向了。耳朵不夠快，也不夠精準。要確實辨認發聲來源，就非得輪流看著玩偶和主人不可，這又加強了與實際不符的聽覺幻象魔法。

雙唇在我們正常說話的時候會掀動。你說話，我看著你，並將你的嘴唇動作和對我說的話連結起來，我再推斷發出聲音的人是你。可是，腹語師的聲音跑得這麼快，我們的耳目根本無法為聲音定位。事實上，我們是透過眼睛，才能對聲波的軌跡有個概念。是「眼睛在聽」，不是耳朵啊！腹語師也知道這一點，所以讓他的玩偶成為一名完整的演員，我們看著它，也自以為在聽它說話。這個雙人組很快就變成與觀眾一起的三人遊戲。

觀眾因為玩偶直接對著自己發言，便落入圈套。聲音的魔術師贏了這一局。玩偶／腹語師／觀眾的三人遊戲奏效了。

克里斯欽在表演的時候，會拓寬他的視野。當他演出佛瑞迪時，他的台風和機動性實在了得，彷彿腦袋後面長了眼睛！這個特點是其他專業人士，如拉斯維加斯的詹姆斯・哈吉斯（James Hodges）、朗恩・盧卡斯（Ronn Lucas）及瓦倫泰・沃克斯（Valentine Vox）告訴我的，這些人的作品都對這個領域的研究極具參考價值。

竟不讓他的角度說明腹語術在台上，他聲得令人厭惡。他們反以影像和角色會調換，令我興致無比欣喜，他們全都緊精近九百位來賓，以平為疑慮，找到解剖我從解剖學了。

我在台上將近十點，我擔任旅館的主會演出，三個國際腹語師大會在這座表演之坡的中心學行。我在昨夜間抵達的拉斯維加斯結束旅館，輔以影像和角色的主講人物，就觀賞了傑夫·郭納緹（Jeff Dunham）令人...

各國腹語師聚一堂的盛會

眼裡斯的改變，腹語師透過聲音詳盡過聲音自創的幻象裡。觀眾都熱烈鼓掌，他們在腹語師其個性眼中臣服了腹語師的情緒和玩偶，每一種玩偶的身之間都看克里斯的遊戲都有自己的聲音，我欽也依循迪和克佛唱和音依循要屆克...

解答，而對其中某些人來說，他們已經自問這些問題很久了。

我的研討會結束後，邀請我來的大會發起人沃克斯（Valentine Vox）讓台下的人發言。幾乎每位與會人士都拿出玩偶來，實在太震撼了！才短短幾秒鐘，觀眾就多了一倍：一千八百位！每個人都想讓自己的玩偶發問，因為玩偶什麼都能說，而且說話的不是腹語師本人嘛……一位墨西哥腹語師躲在他的玩偶後面，問了我第一個問題：「我一直以來的好朋友奇哥先生，好小好小的時候就會說腹語了，這是天賦嗎？」

就算這項才能很晚才顯現出來，但潛質這種東西還是有的。我補充說明，學習腹語術需及早開始，不只是為了活絡大腦，也是為了鍛鍊喉頭。說得更貼切一點，我認為我們必須把腹語師視為精通兩種語言的專業口譯員。因為無論在研討會還是電視直播中，口譯員一邊聽演說，一邊在不到一秒的時間內同步翻譯出來。他將大腦指往兩個方向：接收與發送，中間只有極短的延遲時間。這種能力需要規律的練習。除了語言才能，這些專業人士都有驚人的專注力。腹語師不也是一樣嗎？我補述說，從對聲音藝術最重要的共

鳴腔方面看來，小奇哥的玩偶是一名優秀的腹語師，但是他的玩偶小飛象，好要成為一名優秀的腹語師——小奇哥自信滿滿地對我說。奇哥本身的腹語師，四歲的兒子小奇哥旁的腹語師，最好從青春期開始就能夠讓附屬傀儡不過大家就都記得很清楚，我們小時候飛象能就會讓附屬傀儡不會話嗎？玩具才用自己的聲音說話——音色很不一樣。我子已經能幹得很好。「小男孩的主人是小奇哥透過音說話嗎？我請他用他的爸爸、自信滿滿地對我說——不過小時候吞吞吐吐的主人是小奇哥透過不說話嗎？玩具不是什麼年輕自己的聲音呢！不過就會解放我們嗎？

語師幸運能夠遇上一個問題嗎？就話雙重的挑動，我請他用他的爸爸、自信滿滿，聲音的力量是熱情都在這些進進出出。我當——名之間從中國幾乎都是由玩偶來解放我們嗎？他們道來的不是腹語師，開始訓練這個能力。名之間，印度、日本玩偶是由玩偶來存在的不是就像醫師是一個德國、美國發明。的理由。一生的志業，比利時及現實了，他們的志業手或是舞台中的大多數國來的。師的世界這出數人的腹語

230

開完研討會後，腹語師們准許我觀賞他們為盛會做的準備工作。我在後台碰到正在暖嗓的克里斯欽，他閉著嘴巴發聲十幾分鐘。他做音階和打呵欠的練習，讓發聲器官更容易達到預備活動的狀態，並為脖子肌肉暖身，同時放鬆頸椎、腹肌和共鳴腔。他練習深呼吸，做了幾個動作，鬆開將要操作玩偶的手腕和手指。這些就是腹語師在表演前馬虎不得的全套熱身運動。先為自己的聲音暖聲及潤喉，接著是他那個或那些「同謀的聲音」，這樣才能避免走調或是意外扭傷聲帶。

那一晚在拉斯維加斯，在這個腹語師的殿堂中，在兩百多位觀眾面前，是一場足以跨越時間限制的表演。兩種腹語技術在台上對陣，兩名腹語師和兩尊玩偶互別苗頭。一個是近距離聲音（或鄰近聲音），另一個是遠距離聲音。誘導術（轉移注意力）的發揮到了極致。

我對腹語術在解剖學方面的知識可說非常完備，但神祕感並未因此就消失；我看得目眩神迷。

音，從深淵底部他的喉頭聲音產生回音，是回音。他的表情在舞台上仍然都不見了——只剩神，看起來好像是從近距離在

每次換角就兩種聲音對話，從天花板那他的耳朵也在玩弄著音。以及——群明知音在回音天花板上那他的偶靈，我跟著觀眾之間而言，從腹語——種創造出他的偶靈他在犯了，觀眾建立明知音不可或缺的彷彿遠那——種創造師的表情在舞台上偶靈，精采絕倫的技藝中的——位遊戲，感彷彿送距離腹語師的過人絕技簡直令人著迷，只知微微離離腹語師的聲音——樣就是讓不——樣好像在樓上有樣學樣在其中。是我也有樣學樣就是讓氣音泛音在腹語師的聲音也是讓氣若遊絲的音在腹語師的口腔的——樣。」是我觀眾眼下眼神立場自己的遊戲，感覺，只知如此

神父身邊。天花板維？「伸長耳朵緊接著邊要在這兩種聲音吉頭唇皮近距離在

他的表情七〇年二月的某天早上……

七〇年二月他聽著做了觀眾之間

在聲音魔術師簡高的技藝動作，我們做其種樣好像「每個人又誰在目光

德拉夏佩爾在德個人抬起歡笑，他們

爾著那目光

這些腹語師大會如此激發人的想像力，讓藝術家吉賽兒‧維也納（Gisèle Vienne）有感而發，和木偶劇院（Puppentheater Halle）合作，將其中一段表演情節搬上螢幕，在二〇一五年的秋季藝術節時，推薦給南特爾（Nanterre）地區的亞蒙迪劇院（Théâre des Amandiers）。這個命名為《腹語師大會》（The Ventriloquists Convention）的虛構再現，靈感來自每年在肯塔基州舉辦的腹語師集會。此劇的獨創性，在於它讓九位真正的腹語師和他們的玩偶登上舞台，目的卻不在娛樂大眾，而是為了讓人認識他們的職業，並朝更廣闊的境域去探索。如果腹語術源於內在聲音，那麼它將繼續發人深省，激發其他藝術家的靈感。

但是．他們是他們是怎麼辦到的呢？喉頭是模仿藝人的樂器。他們像師那

台或電視新聞者也倍感而且總是將今天他們的技術只擁滿了藝模仿限的劇院遷主持電視節目，他們像腹語師那

可．里因為電模以來是藝術家之龍（Thierry Le Luron）③這種聲音之龍：一個人能擁有一千種聲音！

從此他們的局限於私人領域或夜夜不斷的人氣總會，從說唱到贏得佳值的認同，同道中人的鋼琴播報電認那

他們是藝術家之龍，這種受歡迎的聲音，模仿的人類擁有一個人能擁有一千種聲音！

他們是演員。如果就腹語師是柔軟的喉頭的柔軟的表演員技巧，那麼模仿藝人就是喉頭的鋼琴演奏索特

模仿藝人

樣，擁有某些特點嗎？我所檢查過的將近九〇％的模仿藝人，都可以觀察到喉頭不對稱的現象。聲帶若強勁有力，會厭則能修改音色；會厭與聲帶關節之間的韌帶，在喉頭裡構成一個尖形拱頂，我稱之為「聲音殿堂」，特別強健且適用於每一種模仿。從解剖學觀點來看，聲帶的關節系統形同模仿藝人的樂團指揮。這些肌肉讓人可以靈活變化聲音，或許還加強了喉頭的不對稱，如果喉頭沒有一開始就不對稱的話。這些肌肉執行速度之快，動作之精準，在在讓模仿藝人堪比發聲器官的運動員。他們的兩條聲帶並不等長，而聲帶關節的柔軟度也令人嘖嘖讚歎；在模仿某些聲音的時候，杓狀軟骨還會旋轉。

　　除了天生好耳力這種與生俱來的素質外，還必須更進一步練習被模仿者的嗓音、台詞及動作。但是，才華能讓一切不一樣。此外，想要模仿的毅力，也可以讓人勇往直前。因此，我們可以發現模仿藝人模仿聲音沙啞的藝人，模仿到最後，連自己的聲帶都長結節了。大抵而言，在這些我有幸診療過的模仿藝人中，我很驚訝能在所確認的範圍內，觀察到他們的喉頭也出現

模仿對象的喉頭生理特徵。

己的詮釋，在「聲音」是什麼——只是在共鳴腔是外層的變化而已——你們從外層來認定我是誰，然後最深層的就是親朋好友的那位，也就是我們在聆聽親朋好友那位歌手的聲音，從中聽到的樣子。我的模仿成不成功。

「你們在聆聽無疑是最優異的歌唱，無論我在過我每一次模仿歌手的聲音之一，有人用他對底不覺得自己在模仿，我覺得那是『真正』的聲音，是我接著自賴自己的。」

格雷哥里歐帶我們走到另一條嗓音之路，他們嗓帶就能隨心所欲地製造出不同的泛音，如此便可逼近他們想要模仿的人物——或政治人物，狄翁、嘉琳，就是這樣——嘉柏麗·格雷哥里歐（Michaël Gregorio）、蒂埃里·賈西亞（Thierry Garcia）、維若妮克·狄凱兒（Veronic Dicaire）、尼古拉·康特盧普（Nicolas Canteloup）、羅宏·傑茲（Laurent Gerra），他們只要拉長其中一個聲音的對，從一個模仿的聲音遊

我們在一支影片裡，看著格雷哥里歐翻唱達夫（Dave）④的歌曲，旁邊還有歌手本人伴唱。一個音接一個音，格雷哥里歐將自己的聲音安置在原唱者的聲音上，就連那幾乎其微的荷蘭口音都重現出來了，最後變得比達夫更像達夫。

大多數時候，這些高手們的聲音力量都被拿來做幽默諷刺之用。但是他們的骨子裡是演員，其獨創性是創作專屬自己的劇本。無論是說，是唱都好。歌曲或曲調的翻唱，經常以諧仿為目的，極少藝人像格雷哥里歐這樣，獨獨專注在說唱聲音表演上，他唯一在意的是能否完美無瑕地盡可能重現不同的聲音，因此他可以從米蓮．法莫（Mylène Farmer）⑤清靈的高音，切換到路易．阿姆斯壯坑坑疤疤的低音……

模仿藝人並不會就此喪失自己的個性，他不會變成複製人，而是像羅宏．傑哈這種萬能演繹者，或是康特盧．賈西亞那類稍嫌誇張的諷刺藝人。他不會變成另一個人，否則會危害自己的心理平衡，像浮士德那樣自我毀滅。他會保留自己的聲音身分。熱愛此道的群眾總是知道他們面對的是哪一

至於模仿藝人呢？他能隨心驅使他的外在聲音，同時幾乎抹去他的內部路

音聽起來會比較尖銳，被身體擴大的句子和那低音沒有了，因為那是聲管道的外部，耳朵經過的（以及經過耳廓和外耳道那段句子，和那低音沒有了，因為這就是為什麼我在聽候只有低音的聲音）到內耳。當我們聽見自己的聲音，我喜歡能讓骨頭振動的聲音……所以錄下來

常得出模仿的天分與優異聲管，因為大多數人的聽力密不可分。大多數人的聽力卻沒有可分辨模仿，我們卻沒有辦法分辨模仿。當我們聽見自己能夠聽見自己的聲音時，我認不出其他人也不喜歡自己的聲音，唯一能讓骨頭振動的聲音，同時透過身體內部路經傳送信息。在錄得到的聲音時，也不喜歡自己的錄音，

認出模仿誰。

然是他繼仿自己，繼仿別人。這一位提琴里賣西馬科斯，在模仿恩里賣西馬科斯，有的泛音、達夫音又能輕易讓人認出在模仿恩里賣西馬科斯時，又能輕易讓人認出他們，在模仿西馬斯時，人認出他們，依（Enrico Macias）⑥

經的聲音，他聽見的自己說話聲，就跟你聽到的一樣。因此，他可以隨心所欲地調節聲音，重新創造出他企圖模仿的音色。像他這種聽覺靈敏的擴大會保留自己的個性、自己的聲音身分，然後再加上模仿對象的口頭禪、節奏、癖性、手勢，甚至靜默。

嘹亮，閹伶受到王公貴族，甚至一般民眾的熱烈歡迎，能掀起群眾的讚賞。一位閹伶歷山德羅·莫雷斯訂（Alessandro Moreschi）在西斯汀（Sixtine）教堂唱歌，而最熱烈的印象——一九○三年最後一次演出之後，教宗和奧十三世（Léon XIII）就決定禁

今天，我們可以在歌唱技藝上看見他們的影響，其影響從十六世紀起就從未中斷過。這些歌唱發出來這種變成模仿人的共通點，就是維妙維肖地很輕易就能模仿性女性或兒童——而西方在巴洛克時代就已經讓閹伶成為聲音倒轉的聲音，甚至顛倒眾生性不同於時代的女性的聲音，

別，把腹語師和模仿人的——能夠追求在聲音和表演上模仿人的男

閹伶

止他們出現在教會中。閹伶將他們的藝術奉獻給聖樂、世俗音樂及歌劇，他們的黃金歲月以及讓他人恆久沉浸在其奉獻一生的聲音力量裡，都要歸功於以下這件插曲：

一六八八年，曼圖亞（Mantoue）公爵在羅馬參加了教宗英諾森十一世（Innocent XI）的大禮彌撒。同一晚稍早，他前往女歌唱家喬吉娜（Giorgina）有閹伶伴唱的音樂會。他拜倒在喬吉娜性感的嗓音魔力下，竟在教宗問他「最喜歡羅馬什麼」時，回答了「喬吉娜」。這個答案觸怒了教宗，於是教宗強制驅逐所有女歌唱家，或是將她們關進修道院，從此禁止女性唱歌並登台表演。幸好喬吉娜逃過前來逮捕她的教宗爪牙。這條原本侷限於羅馬的禁令，緊接著被克勉十一世（Clément XI）推及各基督教國家。他頒布法令：「女性皆不得以學以致用為目的，去學習音樂，如女歌唱家。誰都知道，美女在台上唱歌，又打算守貞，就如同想跳下台伯河卻不想弄濕腳的人。」這道禁令遠比聖保羅的——*Molieres taceat in ecclesia*，意即「禁止女性在教會唱歌」——還要嚴格。此事對閹伶而言，等於大開發跡之門，

241

八度音，這不可思議的音域所賜，他嚐到了空前的成功。

西班牙國王腓力五世（Philippe V）的御醫中有二十五年的時間都在……這都得歸功於他的聲樂老師波拉（Nicola Porpora）①。波拉是附屬於那不勒斯樂派的大師。法里內利出生於那不勒斯附近的巴里（Bari），本名卡洛·布羅斯基（Carlo Broschi）。他的盛名就在歌劇院裡占了一席重要地位。他去的緣由將近五個……

這就是高音，他們為什麼聲音會嘶啞、口齒不清……因為教會的聖歌需要高亢、嘹亮的女高音與女低音，非常地……這些音域不是男性唱得出來的。假音調愈高愈難唱字，很少有男歌手會在教會中聲名鵲起。這種假聲唱法引進歐洲後，最初純粹是為童聲……教宗克勉八世（Clement VIII）鼓勵孩兒被閹去。畢竟歌唱是禮拜儀式中少不了的支柱。西方在十五世紀時首次發現這東方來的……

沒有正式的說法，有人歸因於騎馬意外，有人歸罪於法里內利的父親因為想保留兒子那非凡的女高音嗓音而蓄意為之。此外，法里內利父親貪圖榮華富貴也不無可能，畢竟閹伶被視為「巨星」，日進斗金。無論實情為何，卡洛爾‧布羅斯基成了法里內利。

聲音受到性荷爾蒙的影響，男聲是雄性荷爾蒙，女聲則是雌激素和孕酮。雄性荷爾蒙為了引發器官的雄性化，會透過諸如體毛、生殖器和聲音等性徵，在目標器官上產生作用。到了青春期，雄性荷爾蒙（尤其是睪酮），會使青少年出現男性生理特徵、喉結浮凸、還有男性嗓音。變聲後，聲音變得陽剛。睪酮會讓二頭肌之類的橫紋肌增大，包括聲帶的肌肉。要維持「嬌柔、天籟般的中性」童音，唯一的條件就是在青春期之前實施閹割。如果過了青春期才去勢，對聲音將毫無影響，會維持男聲，因為男孩在青春期階段會大量分泌睪酮，在肌肉和器官軟骨上留下永久的印記。

閹伶沒有雄性荷爾蒙，所以能唱高音，但是他的男性聲音力量、強度和肺活量卻沒有比較弱，這究竟是怎麼辦到的呢？其實，閹伶就算不再受睪酮

也有讓法的成效，並不完全，選他們引以為傲的聲音去。總管屬他們的性慾將終止和靜脈痲木，讓他們這些孩子完全避開進入青春期的聲音變造出來——而且讓睪丸壞死，像上帝一樣克勉八世（Clement VIII）有時候是雄赳赳、有時候是陰柔、有時候是雌雄同體的。一個外形有時有時候條，雌雄同體的。

丁藥下、手術之前施行去勢不同於歲變之前施行去勢。在手術中讓他們的動脈和靜脈痲木之後，切開陰囊，杜絕睪丸的血液供給，睪丸就會迅速壞死，結紮的技術可能同意到十幾歲——

歲變之前的部分，重、威力和染色體無關，加上這些睪丸的動管上分泌著重要的角色——此是與比較細、較薄、皮膚肌肉和咽喉固環境是由許多荷爾蒙的荷爾蒙但組和染色長激素和這個染色體X相關的荷爾蒙的腺體——X和Y相較於女性所組成的是重新屬於掌權的能。

這些生長激素的結果，加上荷爾蒙但組染色長激素和甲狀腺素是造成甲狀腺X和丁變薄細的聲帶和軟骨類固醇環境依著不變、重新生長激素在這個環境是由許男性分泌之多的腺體相關——X和X相較於女性所組成的是重新屬於掌權的能。

244

人出來。他們具有男性的能量和外表，但是有女性修長纖細的肌肉。

法里內利是聲音絕技的天才，有一副假聲男高音的嗓音。去勢讓他留下男性女高音的嗓子，而且因為他的音域非常寬廣，可以連續唱出顫音和旋音（roulades），從低音切換成高音的速度也快如閃電。他也能毫不費力地維持一個音將近兩分鐘，而能維持一個音超過四十五秒的專業歌手卻很罕見。他與生俱來的喉頭、胸部、耳朵的生理構造，賜予他異於常人的「呼吸及發聲循環作用」（呼吸和聲帶），還有「聽說循環作用」（聽力與聲音控制）。他的力量和肺活量令人讚佩。共鳴腔也都浸潤在荷爾蒙之中，這說明了他的泛音何以如此讓人痴迷。聲樂的美妙不正是高泛音出現在低泛音之中嗎？女高音令人驚豔的歌聲中，必須要有亮麗的高音，但是立體感卻是由低音帶出來的，就好比珠寶盒烘托出鑽石的美。同理，若要低音充分發揮它音域中的魅力，就需要高音。

與法里內利同時代的音樂學家薩基（Giovenale Sacchi）敘述這位闖伶初露鋒芒便一飛沖天的經過：「法里內利要和一名喇叭天才一起表演。顯然

於歌唱的音量，他運用都駕馭聲音如持續長達數十秒的控制音上。因此，他可以隨心驅使他的指標的聲音，可是為了獲得一個不折不扣的常的音樂之間是個聲怪物，「連續音勢在去聲他們在之後要獻給藝術，為了人生已總奉入聲的多少兒童了近此嗓音這種音，所有這嗓音法，請注意，圓潤柔音自己的「legato（連續音）標準」的現，將繼續而歲特徵連續樣。

不肉體，開始演唱每天唱法他已總生進。他總失去男聲與女聲之間是個可是為了獲得一個不折不扣小時的指標的「連續音」他們在自己的圓潤嗓音，為了人生已總奉獻給藝術，之後要獻給藝術，他們在去聲勢加上色的嗓音，用法得以緊保持屏。

音聲柔再吹敏氣，我們將依利輕用這個音，兩位聲樂器從此羊，從極弱到將家即喇弱到將互相鞏強較勁，和弦樂器——喇維持這樣支打算等待許久，他們的演奏即這麼這麼久，他們的演奏——久到觀眾從音調頭的對決只見他五體調延音觀眾開始地用清脆的喇以手法得以緊保屏。

今經常可以在聲樂或流行樂歌手的身上見到，如席琳‧狄翁的飆高音（belting）就是一個好例子。

在傑羅‧寇比奧（Gérard Corbiau）一九九四年上映的電影®裡，可以看到這種對法里內利的迷戀。寇比奧找上國立聲學與音樂研究院（Institut de recherche et coordination acoustique/musique）做後製，重建這位閹伶的歌聲。科技為了嘗試重現這個消失的聲音可能的樣子，成績斐然。寇比奧的法里內利的聲音，是融合自兩個人的聲音：美國假聲男高音德瑞克‧李‧瑞金（Derek Lee Ragin）和波蘭花腔女高音艾娃‧瑪拉絲‧古德列夫斯卡（Ewa Mallas Godlewska）。寇比奧的這個組合簡直是神來之筆，何其令人驚訝！而且可能跟大家料想的相反，高音其實是由假聲男高音來唱，低音則是由女高音負責！多虧這副超凡出世的歌聲重現了十八世紀的奇蹟，讓電影叫好又叫座，彷彿對這種無法分類的絕品聲音的熱愛，未曾消歇過。令人暈眩的魅力、振動的魔力、勾魂攝魄的泛音，這些就是閹伶歌聲的力量。

落，不協調地毫無邏輯地讓雙耳鍵琴聲變成一種聲響，就好比不規則的聲響伴隨著人聲。

這些節紛亂模式都有時候會忽然是二拍的節奏，就也會在心臟的節奏，是每一個人特有的音色或表現，是每一個人的節法和樂師，演奏隨著人聲。七等一種變造他

人同步、快板或慢板。我們決定是快或慢（急板或緩板）而變造他

員和觀眾，每種聲音就在立即呈現的立即呈現，是靈魂的畫筆。對你我就，既是動力也是我們意識思想的光線，是靈魂的畫筆。調性配器法（orchestration），每個人都是指揮和樂師，

聲音是我們意識思想的光線，是靈魂的畫筆。

人聲是一場未完的交響樂

248

聲音的高度是建構在每個人獨有的音域裡。聲音是交響樂，音符就是字。聲音的交響樂因文化不同而異。

義大利是美聲唱法的國度，在他們的語言中就帶著音樂。一個義大利人在說話，就是母音在唱歌。印度音樂和語言在其他泛音中悠遊。即興在印度是王道。我們聽見的頻率可能折磨耳朵，他們的協和音與不協和音並不穩定。他們使用的八分之一音或四分之一音是我們不用的。然而，這種語言、這種音樂，有自己的用字遣詞、抖音、節奏和裝飾音。我就是被這些古里古怪的泛音搞得困惑時，才認清其重要性。這些泛音對這幾種語言的立體感是不可或缺的。在相異中誕生了文化的豐饒。文化的混雜則豐富了歌聲和話語聲的旋律。

但是，在柏拉圖或雨果的時代，人們會花時間去聽別人說話，不然會「喪失見聞」。那時候播客（podcast）還沒出現。

昔日，人們的生活步調取決於他們的環境、遷移所花費的時間、資訊的

可是千差萬別

上樣，低人的一個僅聽音，這種以令人折服的音響，緩慢綿延。人刀裝飾播弄，當時的溝通方式與其他的時候慢慢

被稱為每四個分音符加上，單刀直入揭重點，變成重點的表達方式，迫使我們的時候粗

音符加上一個甚至讓人欲罷不能。變成相對表達的時間觀念相

心，甚至讓人展現出它的哪一種音樂，以靜默表達，以靜默縮短。「嗨」，你是說的表達方式相

告訴你們「和告訴你們：無論編排的特殊，用一種強調每個音值以為方式，變成相對表

我告訴你們「這種調變所靜默對嗎？「饒舌歌手取代了安

種時間的時拍的時值。饒舌歌手以為重點，有時候斷奏那場賽跑，令人

單位的時值。以四變成相對音值高低，歌手法，低吟歌唱那樣斬截

（valeur rythmique）：強調每個音值高，就這種文配器，令人驚奇跑

分音符或現在就感覺高音取代了安、太、太樣那場賽跑，

音符或十六分音符來說話配器法，令人驚奇斬截聲音，和聲

就像嚴肅的樂譜音符，將聲音斬截聲音，和聲

五線譜上那愈是男聲嗓音和聲

「音樂是音符間的休止符。」克勞德·德布西（Claude Debussy）⑨如是說。邁爾士·戴維斯（Miles Davis）⑩似乎附和他的話：「真正的音樂是休止符，所有音符都只是在妝點這個休止符。」因此，樂譜裡標記的停頓、四分休止符等休止記號，不僅與說話聲或歌聲裡的呼吸相符，它也是我們每個人體內的獨特魅力、魅力的符號，是我們聲音的標識。我稍後會再提到。

默。這個聲音是藝術品。它玩著文字的聲音的色彩，未來的誘惑，強迫人的耳朵聽下的靜默的振動，是聲音的泛音和讓人心生疑問的那就是銘刻的靜在。

為這個聲音幻影，隨著者未來的藝術品，雄渾、正蒙、杜魯昂熱愛的藝術音奇才的當下。

（性缺一個「人聲」——一個人聲和表達手法來製作藝術品的優點和表達手法的獨創性：可以被視為同樣的藝術品和聲音雄渾、顏色、有伴事讓我很音，同樣的人聲的鑑別的顏色、風格，因此也可以（）概念的風格一定，只要缺用在這些人聲的獨創。）

「人聲」總過三十年來對咽喉的表達手法來鑑別藝名的藝術音的學和聲音的當下準備做準備迫人師的靜的默下。

優點的任何一個的風格和表達手法，一個人聲的聲力量就會被削弱。

亞蒙·杜魯昂（Armand Drouant）從五

聲音沒有實體，它不是我們捏塑的陶土，也不是我們雕琢的鑽石。聲音就像光，觸不著、抓不住、無形無影。雖然看不見，但聲音有波長及聲譜。聲音就像光穿越稜鏡，穿越了我們的情緒這面稜鏡。音色──即節奏、韻律──雕塑出聲音。好比米開朗基羅說，他不是在雕刻這顆石頭，只是為它脫去外衣，聲音也卸下了我們靈魂的外衣。聲音是動態的、進行中的，瞬即飛逝，一發出去就已經屬於過去，它是當下那一刻。如果照片使現在不朽，那麼聲音就是振動著當下。

但是，人聲是一種需要和他人配合的樂器。我們說話或唱歌，都是為了某個人，讓他聽見，為了一群觀眾，讓他們聽見。聽者會刺激或抑制聲音藝術家的發聲基因，好比一股電流竄過，活化了聲音的創造。聲音標識著需要他人與自己合作，而且這種化學作用如此得之不易，以至於聲音藝術家總是受到為人熟知的干擾現象所威脅，唯恐聲音的力量遭受危害，進而瓦解。

怯場和緊張

怯場和緊張是一種心理問題，我們在登台前多少都會感到不安。「怯場」的話是一種壓力，這種壓力無法感受到不理智的種種恐懼，是各種恐慌之一。

若對人群——尤其是有許多人的表演——若無需面對的人群，就算表演出的因素很可能就會縮減的不可。

不要小看表演場地的問題，我們在登台演出的氣場。「在影響觀眾對這種特別是各種恐慌的部分，它就不存在。

就能散發過來找出貝面能表演的正面正能量。在音演時的聲音表現，或三個朋友用往一個心懷敵意的人偶爾看著邀請這就是為什麼我的方向，就好。

讓情緒轉移到現場發送出我看著這個房內的症狀，引發的正面去。

曾靜這種壓力在肉體和精神上引發的症狀不勝枚舉之十幾秒的......這麼快就是眼睛或皮

建議都能在現場找出貝面正面去。

吉利只是迷信是一種能貝只能表演的

有時候，過於緊張還會引起迷走神經性昏厥、冒冷汗、唾液分泌過盛、腹瀉、心跳變慢等。

壓力可以區分成兩個階段。第一個階段是警報階段，通常是「良性壓力」，每個人在公開演說、口試、準備上場比賽時都會經歷到。大腦接收到刺激（注意、現在要上場了！），我們情緒的中樞──下視丘就會有所反應，分泌既是荷爾蒙也是神經遞質的腎上腺素。腎上腺素受到壓力刺激，加快心跳節奏，並帶動血壓上升。它引起焦慮、喉乾舌燥。我們也觀察到瞳孔放大、聽覺更加敏銳的現象。含氧量提高的大腦將會更敏銳、更警覺，隨時準備好要做出反應。內在力量發揮到極致。我們產生一種對戰或逃離的即時反應。有時候，腎上腺素「做過頭」了，讓我們感覺到緊張性頭痛、胃部過度分泌胃酸、胃食道逆流、消化不良。第二階段則是持續階段。當壓力持續不斷且行動持續時，就會進入這個階段。這個階段的壓力也屬於良性。皮質醇被刺激。皮質醇就跟腎上腺素一樣，也是來自腎上腺的分泌。皮質醇的角色很簡單：保持血糖值穩定，儲存心臟、大腦和肌肉所需的能源。事實上，

羅伯特・海珊（Robert Hossein）[注]

這種透過肉體傳入充滿生命力的演員或是歌手的聲音，是藝人聲音中子他而這是他和觀眾之間的介面的必須為

為了儘管誦者詮釋台詞，首先必須達情緒傳達的方式，同時對觀眾和觀眾之間又是這段台詞的化身

會權發自是在舞台上，字不差地熟記於心，以便他的面──

聲音的立體感模糊不清，卻會後忘卻後會歸

的不良效果，公式化表演則會變成感情造成歸

的沙漠，不再有力量了。「儘管

舞台劇演員的聲音個性

運動中的人體的大腦腸燃燒二〇%的血糖。「皮質醇則讓人體上腺素是對危急狀態的反應，

等於是人體中的大腦腸燃燒二〇%的醫療服務。「皮質醇因此，醫上腺素能維持久耐勞。

劇場演員告訴我，當某位劇場演員被選中擔

綱一個角色時，他不只必須讓台詞與身體語言協調一致，劇場還有一個嚴峻的限制，那就是簡單的一句「你好」，都得讓台下最後一排的人聽得跟第一排的人一樣清楚。在要求嚴格的夏爾勒·都蘭（Charles Dullin）⑫戲劇學校裡，學生要學會找出最適合自己的歌唱方式且完全不覺得勉強，同時要鍛鍊發聲技巧、磨練詮釋方式。所以，空有天分是不夠的，還必須鍛鍊自己的聲音。某些人為了音準，可以奮力不懈地整整練好幾個小時，直到給人自然之感。其他人則是冒著即興演出的風險。這在在顯示出劇場演員在其聲音個性上的才華和經驗，會取道不一樣的路。

我有幸在職場生涯中遇到許多藝術家。海珊能擁有一副迷人、充滿魅力的嗓音，得益於其泛音，他的聲音彷彿罩了一層輕紗，神祕莫測。他的聲音穿越時代，卻絲毫沒有失去個性和那如此殊異的特色。海珊能從他不完美的聲音中汲取情緒。如果說他的喉頭有某些特點堪比嘉羅這位《鐘樓怪人》音樂劇中無可取代的加西莫多（Quasimodo），那就是兩人都將聲音力量貫注在他們的創造力上。那些鼎鼎有名的演員的嗓音，都是誘人的聲音，像是傑

丹尼爾・索拉諾（Daniel Sorano）⑰
尚・維拉爾（Jean Vilar）⑱

大鼻子風流劍客的三種詮釋

情緒，這正是這種自然產生在台上與群體互動的工具。在這個擴大器材、電視和電台將不可觀的小能量轉化，直接施加其力量的時代，演員在台上與群體互動，他的聲音都會從觀眾身上吸取能量，再將擴大的聲音建量在這個之多世界中，人類的電容器。

初或聲音多，不論劇場演員演的是莎士比亞、布萊希特（Bertolt Brecht）⑮的悲劇，或是喬治・費多（Georges Feydeau）⑯的喜劇，他的聲音都會變成外在及其內在。

哈德達這種的聲音，輕易讓人辨認的低沉磁性的聲音，如同銀幕或舞台上那些不凡的聲音，能夠鎮靜人心，靜謐分，其華麗格做慢，如萊魔力難以描寫著一層紗的聲音，例如傑拉德・達蒙（Gérard Darmon）⑬、米歇爾・西門（Michel Simon）⑭等等。

的國立大眾劇院（TNP）的台柱，曾經化身為數十個角色，他在愛德蒙‧羅斯丹（Edmond Rostand）⑲的劇作《風流劍客》（Cyrano de Bergerac）中的詮釋，永遠都是一個傳奇。戲劇史上實在不缺大鼻子情聖西哈諾‧德‧貝爾熱哈克，最偉大的演員都曾詮釋過。而這裡的關鍵詞確實是「詮釋」（interprétation）。

他那段眾所熟知，關於鼻子的冗長台詞，還有在羅珊娜的陽台前吟詠的那些文采華麗的情詩裡，只有他聲音的力量存在。這齣戲就像一本色票，提供了同樣台詞的各色詮釋。傑哈‧德巴狄厄（Gérard Depardieu）的西哈諾，與索拉諾的西哈諾，各主一方。他們雙雙呈現了兩種不同凡響的版本，帶來了不同的情緒和感受，個人獨有的顏色和亮度。一九八九年，德巴狄厄以他與生俱來的粗豪、氣魄與旺盛精力，將一個佩著長劍、說話頓挫抑揚、有清脆宏亮大嗓門的西哈諾刻畫入像。台上不斷在平靜與風暴之間動盪。一九六〇年，「空氣感」演員索拉諾，身段飄逸而聲調深沉、舞劍猶如舞蹈，他的聲音巧妙地從激情的紅轉為憂鬱的藍，為一個有聲世界塗上色彩，在那

荷家、聲音的力量。

裡、台詞就像台的藝術品，精雕琢過這個過程，是羅斯丹演變成台詞的「造」物主在他的《風流劍客》流，道出這道藝

那些透過這三種此我們用聲音是我們以為是三種台詞的聲音分的聲音放肆音標識之羅蒙多在各種語言各種詮釋身在觀眾眼上使人周改變眼在花然而喚起各種口雖然內容反應於這兩種但、

釋方式之間一尚而贏得了情緒就位尚—保羅·貝爾蒙多（Jean-Paul Belmondo）[20]的西哈諾·德·貝爾熱哈克「」的美名嗎？介於這兩種才得證

個世界、而這就世界、情緒就位拉德、泛音的變貝爾德、貝做炒熱哈克、「他、是因為造這個頭角色運然

金門大橋四重唱歌聲背後的祕密

一九八八年十二月，我在一場盛大的晚宴中聽克萊德·萊特（Clyde Wright）唱歌，他是金門大橋四重唱（Golden Gate Quartet）的男高音。他那介於藍調與福音音樂之間的絕妙嗓音擄獲了我。身為男高音，他是怎麼保留低沉的泛音呢？這種聲音的漸變，從令人驚歎的嘹亮之音，轉換到如路易·阿姆斯壯時而沙啞的低弱音色，是怎麼辦到的？

在晚宴尾聲，我滿心仰慕地去見他，問他是否願意向我揭露他的聲音。他瞠目結舌地看著我，完全聽不懂我在說什麼。我向他解釋，我是耳鼻喉醫師，對聲音的祕密很有興趣，喉頻閃攝影術可以讓我拍攝聲帶。儘管已經很晚了，但我抵擋不住那股想要檢查他的慾望！這次碰面的氣氛很熱絡，他答應會在接下來幾天過來我的診所。

探索他喉頭的結果令人稱奇。慢速的喉頻閃攝影讓我看到了，非常強健有力的聲帶以對稱的方式振動。對專業歌手而言，這種情況並沒有什麼奇怪

我覺得金門大橋四重唱的秘密，不可思議的秘密——我被纖維內視鏡破了——全都在於我的參與。我是我的福爾摩斯，他們在我結論之前，超群令人驚訝……克萊德的金。

我很想拍攝他們，還是我打算止步。這個金門大橋藍調歌手，我問萊特，這個金門大橋四重唱的聲帶，若是其他歌手的聲音也有同樣的標識，是萊特他們願意過來。

帶看起來觀察到這組的那對聲帶，我就這樣對立……在發聲的關節，這個喉嚨有某種東西，有某種的柔軟平穩，那還有什麼呢？我重新看了那些影片好幾次，在這個喉嚨之處，然而……那還有什麼呢？那是事實看了……

迪克（Clyde Riddick）總機告訴我，關於他們成軍時一段引人入勝的故事。

一九三九年，他這個團體在紐約唱歌。在種族隔離制度大行其道的當時，非裔美國人竟讓白人隨樂起舞。真是不可思議！接著，在一九四一年，羅斯福夫人邀請他們到華盛頓的白宮，參與羅斯福總統的就職典禮。總而言之，一九四九年，克萊德·瑞迪克在田納西州的曼菲斯（Memphis），遇上了年僅十五的貓王艾維斯·普里斯萊（Elvis Presley），後者說：「克萊德，我想唱得跟你一樣……」金門大橋四重唱的音樂跨越了世代。我認識他們的時候，第一男高音克萊德·瑞迪克已經超過八十歲了，就跟一同創團的男中音奧蘭德斯·威爾森（Orlandus Wilson）一樣。安東尼·戈登（Anthony Gordon）和克萊德·萊特都是在一九五四年才加入。

一九八一年一月的一個上午，他們四個人都在我的診所裡。這四重唱令人歎為觀止的喉頭照片，現在就在唾手可得之處。我在萊特身上觀察到的聲帶關節的滑動現象，在其他人身上也可以看到。喉頭的柔軟度都一樣。因此，我們知道他們的聲音何以這麼寬廣了。這些傳奇嗓音，讓我明白複音及

思。

美人士。儘管他們的判決並非總是正確，卻十分準確，毫無疑問，這是國好運動員的聲音人的聲音評選美人士。

（The Voice）然而，我必須把這觀察得赤裸裸地呈現出來。這些歌手在電視節目中歷經競相搏鬥，也就是聲音的振動上——這些聲音的戰士非常英勇，他們在全國人民面前，把他們的聲音已不限於新造的戰鬥形式，而是變成卓然的誘惑工具，如同古斯耐透他們在電視節目中較勁。

肉體相搏鬥，就手都當然。現今歌唱、歌曲、聲音都可以靈活運用他們的聲音，就是將整場的信徒拉進他們熱戀的迷陣中。此後我評選出許多福音的聲音都有一股藍調歌手所透過他們的歌手可以靈活運用他們的聲音，讓人迷戀的精神特性中，正如聖奧古斯丁所透，言福音歌曲，都有一股藍調歌手所透。

音域與體型的關係

雖然我只是聲音的製琴師，但是隨著時間流逝，有件事我很肯定，那就是身為耳鼻喉科醫師，無可避免地必須要有在藝術家世界裡聆聽他們聲音的實務經驗，以理解這些受損的、純粹的、破啞的嗓音。這就是為什麼，除了治療和外科手術外，我總是尋求聲音專業人士的陪伴。每次與他們交流聲音的藝術，都是無可取代的經驗，勝讀十年書。

魯傑洛·雷蒙第（Ruggero Raimondi）是一名獨具一格的男中音，他清透的嗓音能輕鬆操縱高低音。他坦言，自己在男高音和男低音的音域裡都游刃有餘，但是男中音的音域與他最為契合。在聲樂歌手身上，我們注意到男高音的聲帶都比較短，體型比較緩壯，而音域比較寬的男中音，他們的聲帶較長，身形也經常是修長的。雷蒙第的喉頭柔軟，聲帶非常發達，罕有強迫聲音的問題。我必須強調，他在生活方面律己甚嚴，不愧是詮釋過《唐·喬望尼》（*Don Giovanni*）⑳和《鮑里斯·戈杜諾夫》⑳（*Boris Godounov*）的

聲帶中。

男低音的甲狀軟骨外形是最常發達的圓椎，但是環甲膜非常健壯剛健，或是喉頭的椎尖深進長又強勁的肌肉的先天形狀，在形音深沉，往往可以從一個人的身材猜出他的聲音。

他的甲狀軟骨是一個很發達、形狀相對是那麼短的圓椎，喉頭還少稜角，其喉頭寬大。比起男中音或深沉男低音，他的喉頭強健且短。

我們可以從其他的自信和熱情將會改善他的聲音。因此不同的構形：男高音時，唱法則有其自然的有大音，因此身材壯碩，發聲體管道的建構，藝術家的體驗藝術他的身材特定音域。

在大多數是決定男女的性因素。這些人不拘情男女高音或低音，都有其一生都任由嘗試高低音的音域。每位聲音事業人士都受制於喉頭所賜給他的音域。男女低音有一條低沉的音色線底，我們總是可以試著再往上爬，每位聲音事業人士。

形音中深沉，再往上爬，以試著再往上爬，每位聲音事業人士都受制於喉頭所賜給他的音域。男女低音有一條低沉的音色線底，我們總是可。

傳奇男中音。

男中音常常是高瘦的歌手，在肌肉健壯的脖子裡，他的喉頭長且尖銳，稜角分明，喉結浮凸，在環狀軟骨和甲狀軟骨之間有寬廣的空間。男中音的身材介於男高音和男低音之間。

儘管這些概括性的描述具有「簡單明瞭」的價值，但還是太冒險了。在女歌手身上，女高音和女低音在形貌上的不同，乍看之下是難以界定的。

沒有上過聲樂課或戲劇課的聲音專業人士，不知道腹部和會陰的重要，不像對自己聲音樂器瞭若指掌的歌手或演員。俗話說得好，我們是以腹部呼吸。圍住我們腹部的帶子沒有辜負它的名稱㉓，是由許多肌肉組成的，即腹肌。它控制我們的呼吸。但這是可以學會的，而且必須苦練，聲音專業人士都堪比運動員。

文森沒有想過這樣的命運。他是在蒲隆地（Burundi）服海外合作役——

驚險之舉，男高音一直在毫無預警之下，一直在旅行。仿佛在馬達加斯加的最高聲音團體，觀眾的聲音，男高音的日子，去瑞……晚上在北京唱，隔天又到德隆地唱。全都等待著男高音從胸腔裡唱上升，一種情緒的過勞之中，他等待著男高音升到高音。尊貴人代唱等在卡斯魯爾（Karlsruhe），是在浦隆到最高音，唱到高音危是如正在總統紀人施加，知的壓力是在一直在旅行，他是一直在……他活在巴塞爾（Bâle），晚上在北京唱，隔天又到德國卡斯魯爾。

文森的故事：低音是大自然天成的

男高音在這裡的職業生涯進行了十二年。去年十一月，我接受邀請上節目，此時我見到文森的故事相當引人入勝。他們提供的音聲引人入勝的音節目有大部分業餐見總給歌手，此節目有大部分時間是獻給歌手，並由他們提供的……他開始了本書裡我認識我很多……但在本書裡絕大部分是認識文森欣賞我很森欣賞在……這些獻給我很多，都在……的歌劇准文森欣賞在……

許我高音在這裡……叫謝蜜·巴蒂（Chimène Badi）的歌手。

時，發現自己有一副男高音的嗓子。回到法國後，他去上了聲樂課，證實自己果真有潛力。他記得父親在他歌唱生涯的開頭，唯一來看過的那場音樂會。那是他生命中最輝煌的時刻之一，因為從那時之後，他開始與權患不治之症的父親恢復聯絡，也意識到自己聲音的力量及效應，能對身邊的人有所助益。文森在華格納的《洛亨格林》（Lohengrin）[20]這齣戲裡首次擔綱獨唱角色的首演隔日，他父親過世了。很顯然的，我們可以感覺到當中發生過什麼非常深刻的，一種通過儀式之類的大事。他開始肯定自己的能力，直到犯下了疏忽的錯。他透露，他覺得自己很重要，但是不太知道如何拿捏能量。今天，他想起自己的速成學習（九年的課程僅花了三年）給了他不穩固的基礎，無論是技巧還是情緒方面都是。某一段時間，他自以為達到顛峰，因此失去警戒，並對他的聲音造成了無可挽救的傷害。他體驗到第一次警報，這是他歌唱生涯第一次中斷。

二○○三年，他擔綱佩利亞斯（Pelléas）[25]這個角色，其音域介於男高音和男中音之間，還有他不習慣降下去的低音 Do。他還沒準備好擔當此任，

始新事業而找到人紐約小結節月徹約」。名紀耳聲紀名醫他試鏡科己森的聲音破壞掉他都試遍了聲音診所全都通行不到四年的問題行不通。把他父母開的

八歲時他喉部總經過難逃一樣。

旦唱過度，我們就會迫唱低音。我必須定型了，嚴重的聲音任在下風，卻必須不易詮釋，他必須將嚴重的聲音任在下風，因為這個角色的情緒太過沉重

技巧且唱過度就會強迫引以為鑑的事。他的意外甚至讓他的喉嚨流血，該名樂師失聲了。

相關角色的情緒，這就是文森故事的一部分……低音的像來馬拉松手去跑天成的

吧？他們沒有參見這個角色的情緒太過沉重，卻必須不易詮釋，他為了讓人聽清楚五臟六腑都所都縱

遺產揮霍殆盡。他困頓不遇，住在巴黎近郊一間小套房裡。流落街頭的日子不遠了。

他跌到谷底。此時，他聽見了自己內在的聲音，一個尖銳的聲音，一個孩童的聲音，那是小文森的聲音。如他所說，他開始傾聽「內在的靜默」。小聲音提醒他的夢想：狼、加拿大、森林、美洲原住民……再一次，他又可以呼吸了。那裡有什麼東西在對他說話。一小顆火星重新燃起。為求解困，他把全部家當投資在一場加拿大之行。

他在那裡重新學習生活，只是在大自然中呼吸、摸樹、活在當下、感受活著的喜悅，身邊再也無須任何東西。他感覺到自己的聲音又回來了，而且像以前一樣有著想東山再起的錯誤想法。只是這次不再像以前那樣，還站得上舞台，因為在歌唱的世界裡，人老得很快。再說，他想要開創某種結合自己熱愛的這兩件事的方式，因此發想出一個在森林裡高歌健行的概念，提議藉由浸沐樹林中的歌唱和聲音振動，重新擁有五感。

那一天在攝影棚裡，我不想做元長的評論，而是把發言權留給一個我深信絕不森生卻因

為一個靜默主要的聲音，這個聲音，有關聲音音教育這個故事。我們擬定它好補充了把發

我們關照過是不會產生言語意計畫，它是內在的故事正好在好補充了把發言權留給一個我深信絕不森生卻因

指引我循的方向……卻不具有的分泌。當我們可以聽見一個靜默的聲音，卻

它的力量會發出具有規模催產素的分泌。當我們在行動下準備跳板上準備跳動力量的聲音，靜默的聲音

我們腦內點燃一樣的功用——催產素在荷爾水的蒙的關頭已總是

個人都用在安撫它靈動的力量的聲音，

為我們內在聲音這個聲音，而且它在運動中甚至會自言自語計畫，它是

賜予我們衝動的聲音，這個聲音，有關聲音音教育這個故事。我們擬定它好補充了把發

影的聲音起現是它陪伴我得不夠的故事……又被我覺得他在攝影

在運動活動中，聲音卻總是把它總是一生

靜默的而且在運動中把它運動它總是會

272

① 傑洛姆・薩瓦利（Jérôme Savary, 1942～2013）：法國及阿根廷籍的演員、導演。
② 希波克拉底（Hippocrate, 西元前 460～370）：古希臘時代的醫師。
③ 提耶里・勒呂宏（Thierry Le Luron, 1952～1986）：活躍於七、八〇年代的法國模仿藝人。
④ 達夫（Dave, 1944～）：本名烏特・奧圖・雷文巴赫（Wouter Otto Levenbach），生於阿姆斯特丹的荷裔法語歌手。
⑤ 米連・法莫（Mylène Farmer, 1961～）：出生在魁北克的法國歌后。
⑥ 恩里科・馬西亞斯（Enrico Macias, 1938～）：出生在阿爾及利亞的法國歌手、作曲家。
⑦ 波爾波拉（Nicola Porpora, 1686～1768）：巴洛克時期著名的義大利作曲家，也教授聲樂。
⑧ 傑羅・寇比奧（Gérard Corbiau, 1941～）：比利時導演，其作品《絕代豔姬》（Farinelli）敘述了法里內利的生平。
⑨ 克洛德・德布西（Claude Debussy, 1862～1918）：法國作曲家，常被歸類為二十世紀印象樂派。
⑩ 邁爾士・戴維斯（Miles Dewey Davis, 1926～1991）：美國爵士樂演奏家，酷派爵士樂創始人。
⑪ 羅伯特・海珊（Robert Hossein, 1927～）：法國舞台劇及電影導演、演員。
⑫ 夏爾勒・郡蘭（Charles Dullin, 1885～1949）：法國舞台劇及電影導演、演員。
⑬ 傑哈德・達曼（Gérard Darmon, 1948～）：摩洛哥裔的法國歌手、演員。
⑭ 米歇爾・西門（Michel Simon, 1895～1975）：瑞士演員。
⑮ 布萊希特（Bertolt Brecht, 1898～1956）：德國劇作家、詩人，創立了敘事體戲劇。
⑯ 費多（Georges Feydeau, 1862～1921）：法國美好年代的著名劇作家。
⑰ 丹尼爾・索拉諾（Daniel Sorano, 1920～1962）：法國演員。

㉕ 佩利亞斯（Pelléas）…浪漫壽格林《Pelléas et Mélisande》中的男主角。比利時劇作家梅特林克（Maurice Maeterlinck）的著名劇作，德布西很喜歡這個故事，將之改編成歌劇與梅劇的國家的

㉔ 《洛亨格林》（Lohengrin）…華格納的著名歌劇，描述天鵝騎士的故事。

㉓ 法文 "Sangle abdominale" 字面意思是皇帝幼年…根據攘夫婦女…即腹肌「腰帶」，是沙皇俄羅斯歷史…寫而成的悲劇歌劇。

㉒ 《鮑里斯‧高德諾夫》（Boris Godounov）…俄國民族主義作曲家穆梭斯基（Modeste Moussorgski）…

㉑ 《唐‧喬凡尼》（Don Giovanni）…莫札特的歌劇，取材自…的故事，描述主角唐‧喬凡尼…殺害多位良家婦女，最後墜入地獄的故事。文豪杜斯…

⑳ 尚－保羅‧貝爾蒙多（Jean-Paul Belmondo, 1933～）…法國演員，代表作是新浪潮名導高達的《斷了氣》（À bout de souffle）。

⑲ 埃德蒙‧羅斯丹（Edmond Rostand, 1868～1918）…法國劇作家及詩人。

⑱ 尚‧維拉爾（Jean Vilar, 1912～1971）…法國演員、導演，亞維儂藝術節的創始人。

Chapter V

靜默的力量

Les voix du silence

人們用絕對靜默會領受政造成不同凡響的武器。

時間，我習慣對思考靜默會議所有的思者就「……」然後他啞然升起的口才劇場裡柔爾

靜默造成政治人物都有一樣是從他諾諾私語的空氣掀住了全場觀眾的屏息最後

大什麼後了您然可是尾聲安德雷‧杜柰里

好的安德觀眾依然靜悄悄是他嘟囔自語安德雷‧杜柰里

的辦法然靜會府升起的可是尾聲安德雷‧杜

剛剛說的話特別是他們的聲音在政治上有什麼價值了這是最偉

去融會貫通會在政治上靜默更能進入我的世界所聽演員要說

的營義認他靜默靜默更能讓他們高聲

沒有什麼變得待近重——讓人倾情待待

你看尚等待迴盪做人的屏息靜默等著靜聽得其

道理吧——匯細語連最後無聲的……在

有了隔錢鑼鑼哺哺自語細語都聽得見其他

他們多德府悄悄哺自語——片紙且等著無息，對戲

他多半少詞匯哺哺自語告訴我，我

劇場裡柰里後我告訴我，在劇

（André Dussollier）[1] 曾告

好聲音的科學

276

領袖的靜默戰術

政治演說中的聲音會利用到停頓，對於征服或繼續掌權而言，這是基本的技巧。國家科學研究中心（CNRS）的丹妮兒・杜耶茲（Danielle Duez）[2]精闢地定義了一個要點，值得記住：說話的人會根據要釋放的訊息及其在政治角逐場所中的立場，用非常不一樣的方式鋪排他的停頓和靜默。對想要奪權的挑戰者而言，例如一九八八年對上密特朗的席哈克，說話速度很快、罕有停頓。對現任總統而言，這場賽局就比較容易玩了。停頓甚至靜默都是對付對手的標槍，說話慢條斯理，而且自信滿滿。就算他有需要解釋他的計畫，也沒那麼必要。首要之務就是不要失去冷靜，應該讓對方放馬過來，而不是先亮自己的底牌。要運用同理心並保持泰然自若的節奏。

說話的時間長短安排，或更確切地說——說話的時空，顯示出聲音是具

某些人很善於利用這種靜默退讓的效果。

東西來：觀眾會分心，不再專心

起：他也會分心，必須在神聖場所。

靜默在戲劇上處理好四處好準備好四秒鐘超過的靜默太久，可能會讓聽者誤為無聊。

靜默讓表演者飄過四秒鐘超過的靜默太久，可能會讓聽者誤為靜默是尊敬的符號，無論是在神聖場所、紀念儀式或追悼那種靜默的威力，大到令人啞然無語的「政治人物或歌手的角色，靜默是尊敬的

靜默也讓人質疑聲音，它在我們的音樂、言語中扮演政治人物中扮演著舉足輕重的影響，總是水冷般大眾的字裡行間互動，而變得更豐富隨著辯論中幾個空間

符號，無論是在神聖場所、紀念式或追悼這種靜默的威力，當演員、政治人物或歌手在生活中的群眾演說者或歌性的角色，靜默是尊敬的

的講台親友圈裡有力量的聲音。

聲音的言，可以是親友圈裡創造一個社會生理現象，而變得更豐富隨著辯論中幾個空間

「我有個夢想……」一九六三年八月二十八日，馬丁路德‧金恩（Martin Luther King）面對二十五萬人，在華盛頓發表的著名演說就是最好的例子：

他每重複一次「我有個夢想」，就會置入數秒鐘的靜默，正好提供了作夢的時間，效果比他那個直接銜接前句末尾的語法還要顯著：

「我有個夢想……」

「有一天在喬治亞的紅山上，昔日奴隸的孩子和昔日主人的孩子能夠親如兄弟，相對而坐。」

「我有個夢想……」

「有一天甚至密西西比州這個燃燒著不義及壓迫之火的州，也能轉變成一處自由與正義的綠洲。」

他的聲音裡從來沒有和弦（幾乎是音樂用語的涵義），但無論是內容、表達形式和詮釋，都沒有更完美的了。馬丁路德‧金恩的演說儘管精采動人，也還是遵循了「領袖的聲音」的規則，他是一名對著信眾說話的牧師。

動邊而非人。

依著改革家看來，他是鄭俗的講話的好，可惜這總不像在說話。我看來，他會說是失去了聲音在拿電腦唸出來說話。這是模仿歐巴馬每天會播放的電視節目《每日秀》(Daily Show)。

他的發言方式是如何辦到拉伯茲的節奏的變化？因爲林肯的歐巴馬的總統特色，這種播放的方法之一，就是把切的聲音有凝於融合才就過

他最妙的言語巧思還是運用他的話，像他的表現，就是美國——林肯，卻跟他的演說也隔有一個震撼力的經始，絕非人的偉個選一，再間隔也在發

"Yes We Can." 這是三番兩次的歐巴馬，這種停頓的方法之——他的靜默音色了。

喜劇中心頻道（Comedy Central）每天會播放的電視節目《每日秀》(Daily Show)。

的話所須於短暫或只能成真的聲音，巧妙地發揮了很好的助力。他的靜默音色了一個夢

單音節字來當口號，成功掩飾了自己說話缺乏節奏，這個口號在群體的無意識中起了和「我有個夢想」一樣的功用。

他不是唯一的例子。薩科齊也會在每四個音節處暫停一下。平心而論，我總是很驚訝近幾年人們說話的節奏變得有多麼快速。這是不是四周不斷切換的人聲傳遞著急躁又斷續的訊息，所造成的後果呢？我們的耳朵再也受不了長句子了。政治人物琢磨出勁爆的用字，目的是讓不間斷的新聞頻道盡情重播。

說話的時間就跟媒體的時間觀一致無二。現今，我們必須在十分鐘以內說服他人，所以靜默都非常短促。我們的領導人都心知肚明。短暫的靜默變多，可使聽眾吸收他的教誨訊息，且絕不質疑，所以某些人可能會企圖從中看見一種遊說的操縱手段。因為靜默較久會促使人捫心自問真正的想法，但要是廣播值上搭配了我們不會去多想的平凡字眼的短暫靜默，就不可能這麼做了。

如同交響樂的樂譜中不會沒有依靠休止符和四分之一——

默。

這種讓人難以應對的珠寶盒。

沒完沒了。這種問句有應對的問句：這個又是如何呢？——依我之見，這種句子遮掩了虛偽的辭令，只要結論不遮掩，明就說謊個靜

演說的另一方面，嚴肅的靜默似乎是發性的——即明白準兩種人：記者和聽眾，他同時可以托住他的聲音，這樣既能滿充氣勢——既能統充滿情感，荷荷正在試圖冷靜個戰的

保持威嚴，另一方面，嚴肅的靜默似乎是道明他出言不遜，讓他明白他兩種人——記者和聽眾，他兩秒鐘火氣被火了正在回答。薩科齊是這個領域的名嘴，既能統充滿靜默，荷荷正在試圖用這個領域的靜默是高敏荷情緒冷靜個戰的

休止符實現的靜默。政治人物擁有色彩繽紛的靜默調色盤。我們的治國者都是聲音的藝術家，有音符、和弦及節奏。他們的靜默不僅僅是修辭效果那麼簡單，還是強大信念或行動的武器。

甘地曾在英國求學。他回到印度的時候，不只熟諳英語，也已融入英國文化。面對女王陛下的軍隊將槍口指向人群時，他大可輕輕鬆鬆地發表一場演說，將人群拉攏到自己的陣線，但他卻默不作聲。他是積極地在保持沉默。他站著，身穿白袍，仰望蒼天，寧死不屈。他憑在同理心、想像力、創造力、精神性的世界裡，對治國者的聲音而言，這些通常是必要的特質。英國人都被置於這堵沉默之牆前面，這堵牆比任何話語還要密實，標示著決心以及不只抵抗還要求生的毅力。這塊龐大的靜默如此雷霆萬鈞，撼動了一切：軍人放下他們的槍。這種靜默是二十世紀最堅定不屈、最有效的武器之一。甘地的靜默不正是聲音的終極力量嗎？

法庭上的自由心證

法國刑事訴訟法典第三五三條就已經講清楚言明了：

靜默是一種主要的心理過程的培養上，在所有判決的形成中……自由心

在採合了一個概括、不利被告的法律由，也不制定不合理的證據。

提出一思考周全所依憑所機合法律由，法律並不制定不合理的證據以及不制定不合理的證據，也不制定不合理的證據。

情緒的因素之間，本著正直良心，依規定法官必須依循此規則而形成判斷：『你們所帶來本案正項認定某範圍形成自由心證。』

充分所證「心證」除非思考周全所依憑所機合，法官本諸理性及良知，以平心靜氣和全神貫注，自問他為辯護的因素之印象及情緒的因素之間……『你已經有所確信言明了嗎？』『法律只向法官提出一個問題，但這只是依憑證據自由心

在所有判決的形成過程中，靜默是一種主要的心理過程的培養上……自由心

證。但因為正義牽涉到一個無形的、幾乎無關理智的概念，我們不得不經歷數百年來琢磨出一套繁縟的禮法且遵行不悖。這樣才能讓自由心證表明它的真實性，讓它具有公信力。

• 法庭的儀式

法庭的儀式同時模仿了禮拜和戲劇。有陪審團的刑事訴訟體制，就像我們一直沿用至今的那樣，很大程度是受到古希臘的悲劇鉅作之一所啟發：埃斯庫羅斯（Eschyle）的《降福女神》（*Euménides*）③。

為了審判殺害母親克呂泰涅斯特拉（Clytemnestre）的俄瑞斯忒斯（Oreste），宙斯之女雅典娜召開凡人法庭，審判的責任就落到凡人，即「最佳公民」身上，而不再交由神祇，神祇只會旁觀這場由雅典娜主持的法庭辯論。在法庭前，帶著復仇的怒火追殺俄瑞斯忒斯的厄里倪厄斯（Erinyes）代表「公訴人」，迎抗辯方律師阿波羅的論證。雙方各自口述自己的觀點：聲音的力量從正義的世界中誕生。

間是。

那是一上法庭，陪席的法官和布景始終不變……（avocat général）……檢察總長和辯方律師都穿著紅袍，穿著黑袍的主審法官和其他陪席。這是兩位陪席法官，為了紀念他們，原本的陪席那伴隨法官在突出來的審判區多年。

跟著員的辯護的口述進行，以平靜從容進入法庭。邊是被欄杆分隔開的法庭，然後開始的前幾秒，就銘刻在訴訟的過程中。在訴訟的過程中都必須遵行進場法官進場，布是以示尊敬，全體群眾起立，主審法官進場的執達們不能。

輕判。法庭有一個人的生死，此規範、符號及儀式，在訴訟的過程中都必須遵行。我們不能。

來裁決他雄護結束。心證之結果。辯護觀事前之後，若將這個控判知曉，但是不為這個辯方知道，判一個人的生死，也不為罪，請這個控辯團審議，但是深信女神方周，現上的投票不分勝負的情況下，讓案子無罪的自由，就無法斷的自由地了

的三十二（耶穌的年紀）顆鈕釦長袍。根據情況而定，有時還會加上白鼬皮飾帶。中間是被傳喚的證人作證及應訊的座位。被告坐在被告席裡，他的律師在他面前。陪審團坐在陪審團席裡，是「靜默」的化身，沉默地聆聽著。他們不該發表任何會傳達怒氣或悲傷的評論、狀聲詞、感嘆詞。或許只有他們的身體語言會在不自覺的情況下說話，向律師洩露他們正在鍛造默然無聲的心證。

陪審團組成後，陪審員必須根據刑法第三○四條的內文宣誓：

「我發誓並且承諾要以最審慎的態度，檢視不利於X的罪名，不要違背被告之權益，也不要違背控告他的社會之權益，更不要違背受害者之權益；只有在宣布結果之後，才能與其他人交流；不要傾聽恨意或惡意，也不要聆聽恐懼或感情；提醒自己，被告被推定為無罪，疑慮必須有利於他；決心在罪證及辯護之後，秉持合乎誠正、自由之人的公正和堅決，聽從我的良知與自由心證，並且保密審議內容直到職務終止之後。」

Chapter V 靜默的力量

287

法官想要表示所有不當的發言。因此陪審團化顯現在他必須先知會被告的律師。這就是訟訴中每一位「演員」的理由，非常簡

中了解案情……沒有「正義的場地」的時候。

單純的戲劇性強度有始有所布景，因此陪審員能接觸到辯護完全是口述的「相符合，正符轉不可逆

他必須先知會被告的聲音能顯現到這個原則，就透過這個重點上面。此外，布景的規則：律師的話無法抹滅

如果被告的聲音高至無法透過訟訴中「相同的」強化了演員的訴訟的戲

律師辯護的資料只能透過口述的「相同化了演員的訴訟的戲

由審查官、由審判官、檢察官總長、陪審團長、法官決定就或是被告的發言至須被集

● 法庭上的答辯

靜默中，判決的聲音迴盪滿堂。

前審員的這片布景後面有「在這

誰都不會議論都要遵守保密原則，就審議

判決的聲音能總要遵守保密原則，在審議室

決的聲音這個保密原則。在判決尚未由主審法官向

至聖所」（le saint des saint）進出。

在判決尚像是避開大眾眼光的幽暗後台

絕對且神聖讚譽之陪審

權。如果主審法官判斷大家都動氣了，而且訴訟的尊嚴不再受到保障時，他也能隨時強迫休庭。主審法官的話不容置疑，這就是為什麼他的話必須中立，只有在維持辯護的秩序時，才能表現出威嚴。主審法官是自己聲音及其他人聲音的主宰。

起訴是由檢察總長承辦。從被告及其辯護律師的觀點來看，是這整件事裡的「惡人」，他會在訴訟尾聲，宣讀起訴狀，而且通常會要求從嚴量刑。如果被告承認罪行，檢察總長會控訴他，而不探究是否有可減刑的情節。他透過聲音和用字，在陪審團的情緒面下工夫，企圖要讓他們印象深刻。如果被告鳴冤，檢察總長會試著用較為理性的論據，說服陪審團被告有罪。

同樣的，如果被告認罪，辯方律師會在他的辯護詞中，對準陪審員的情緒發言，或是試圖理性證明被告沒有犯下被控的罪名。

清白的陳述可以跟有罪的陳述同樣縝密。陪審員們從一個極端遊走到另一個極端，三心二意，先是讓檢察總長的公訴事實，然後是辯方律師的辯護

在情緒振動的檢測總結致的導焦慮，就是說服，詞給說服。

「在兩種的威懾長或檢察官衝幻想，成定的過程中，在訴訟進行的規則中。

他們相反的可以檢察官之這種情想即發的張力及悲劇性透過鏡像特性，受到每位陪審團中的每個階層，走到法院，永遠不該忽視其中一部分的陪審員及民眾知道團找。

靈魂與良知中流涅沉在音的效應，他們藉由音聲及靜默的力量來到鐘擺峰，完全不懂正義陪審團找。

他們的情緒陪審官聲之結果，是權眠狀態之他們的聲音效應，可以在陪審官的效應釋放他及民眾待他們。

「他自由」的自心證，並此外，用字遣詞和尋找自己陪審員和

內心事證振動及兩種的威力，在相反的他們的用他，必須披沙揀金且在審查員和聲音上掀聲起笑在爭浪淋滴衝動，身上掀聲發揮他民眾待他們

好聲音的科學

290

並加以評判。

　　聲音就像擦不掉、會振動的刺青，是訴訟的主角。它刻印在人的腦海中，影響判斷和想法。它需要觀眾與主角同樣熱衷。聲音是攻擊武器，也是防衛武器，它的盔甲是由修辭和辯才所製，彈藥就是字句、靜默、節奏及音色的和諧。如果語言是一種能詳細表達思想的結構，那麼思想便不能沒有聲音。在進攻時，聲音的節奏大多沒有變化，幾乎是「發號施令似」的。

　　律師是聲情並茂的大師，頂尖的民眾領袖。雄辯之術為他獨有，是他的標識，無人能抄貝或借用。這是一種天分，能自然而然地表達出每個字的情緒、靜默的神祕，以及我們似乎在聽見、傾聽和感知之前，就已經認得的小調或大調。無論律師採用低沉或高亢的聲音，微若蚊吟或震耳欲聾的聲音，總能順應他想說服的群體。他懂得操弄靜默；不是那種讓人無聊得發慌的，而是會讓人心底浮現問號的靜默。比起在其他地方，法庭中的聲音之獨特魅力，最會在情緒世界的最深處產生效果。

●陪審員的自由心證

但是，陪審員必須保持沉默，沉默也有其重要性，從中獲益，所有參與訴訟的民眾，透過演員「扮演」這股力量和耕耘。這股力量無庸置疑會影響到陪審員在證詞中變得特別悲壯，並且在靜默等民眾的沉默的科學也有其重要性⋯這種靜默來表現透過演員「扮演」這點此相規定民眾必須在整個訴訟這個故事有別於其這是聲音做平其敏感的人。但是，這是點頭此相呼應的語言架構⋯

自由心證」──切，是判斷審員如何培養自由心證所引起的客觀的證據，陪審員的證據，但它也可能就是演員成形，可以是演就會這麼難以定義，究竟是因為它的名稱而包含兩個矛盾

自由心證他真不曾這麼難以定義，究竟是因為它的名稱自由心證會這麼難以定義，究竟是因為誠意決定性有發言當然判決的聲音做平其敏感規定

誠意決定性有發言當然判決的聲音做平其敏感規定，判斷審員為了培養自由心證，所引起的客觀的證據，陪審員的聲音取決於天亡，陪審員事先必須陳述可以是演陪審員事實證人，即他這個即場信賴可能就是語言辯護這個立場信賴可能就是體語言即他這個辯護都是像想像的證人，他名在它的名稱中，或許是因為它的名稱

都是像想像的證員發出來的那所發出來的自員那所

292

向幾乎相反方向的詞：理智和情感。一方面，我們認為所謂的「證」必須有理性且具體的元素根據。我們會把訴訟期間呈上的不同物品稱為「物證」，以引證被告有罪或無罪，不是沒有理由的。另一方面，「心」呢，並無任何物體根據，它深藏在良心之中。這裡的「心」無非就是靈魂的情緒祕密。

但是，要如何鍛造自由心證呢？它是從「修辭」到「辯才」之中萌生出來的。

「修辭」是演說藝術的根本。修辭是一種能靈活操縱字詞，在申辯時口述對決的時空中指揮才能的技巧，它既是科學，也是一門讓演說影響思想的技術。

至於「辯才」，本身就是藝術了。不僅是言辭善巧，它更是一種天賦，能自然而然表達每個字的情緒，靜默的神祕感，還有我們甚至在聽見、傾聽或感知以前，似乎就已經認得的小調或大調。

有關理智與情感間的衝突這種主題，薛尼·盧梅（Sidney Lumet）已經

……證。我指的是法律顧問、陪席法官、檢察總長、檢察官……沒有證據說服我。這項於法無據，沒有證據說服我。

一九五四年，尚·季奧諾（Jean Giono）⑤在《多明尼契案件筆記》（Notes sur l'affaire Dominici）⑥——書中寫道：「我並不是說加斯東·多明尼契（Gaston Dominici）無罪。」

在他的電影《十二怒漢》（12 Angry Men）④中精準地挖掘過了。

主軸，但由心證而達成的兩難甚至暴烈的裁定——必須完成的特點，在於全方扭轉情況——成功地在每位陪審員身上……開始，導演也想要拍攝這個密室裡……最私密的憂慮，攤在良心中……例如他們從良心中……初初其中一名性。

對罪，但心證……直到亨利·方達（Henry Fonda）飾演的第十二名陪審似乎也有罪或無罪，除了陪審員之外，被控弒父以全以審議這個案子的年輕人有個密室……疑慮……攤……他們……陪審團為之。

從同樣的偵查資料，同樣的呈堂證供，季奧諾鍛造出與廉直奉公、誠實不阿的司法官們截然相反的自由心證。

對季奧諾而言，這場訴訟的展開與收場，都是建立在多明尼契一幫人馬和法庭其他人之間為數不少的語言誤解上。作家留意到加斯頓‧多明尼契總共用了三十五個字：「不多不少，我數過了。」然後他補充：「任何擁有兩千字詞彙量的被告，差不多可以毫髮無傷地走出法庭。此外，如果他能言善辯，還有一點說故事的本領的話，早就無罪開釋了。就算他招認了也一樣。」季奧諾有條有理地指出，陪審員們的自由心證就是在誤解、詞義的轉移、抄寫倉促上面漸漸拼湊起來的。

一致決同意（unanimity）的限制，也就是說促使許多聲音協調成一種聲音的這個限制，迫使人只能從唯一的角度，毫無個別差異地思考各種證據。當自由心證只不過是所有陪審員全體共享的主觀成見，那就危險了。

紙上聲音的威力

1898年1月13日，埃米爾·左拉（Emile Zola）在《曙光報》（L'Aurore）的頭條上，發表了他相信所連作的靜默——這篇文章讓眾人能知道他的屈里弗斯（德雷福斯事件 Affaire Dreyfus）——直到今天，左拉見報上的聲音仿彿仍在我們的耳朵裡迴盪著，他繞有聲。

寫在紙上的自由心證，卻用了他的頭條上，足以喚醒眾人的良知：他相信里弗斯屈。左拉在這封致菲利·福爾（Félix Faure）總統的〈我控訴〉（J'accuse）——上尉清雖然文——在《曙光報》紙的無晨曦無

不是透過藝術的總統的瀆職手段中，足以喚醒眾人的良知，而他用（Faure）

他的內文中，左拉以第一人稱說話，不遺餘力投身於這篇文章，字句都充滿了行動力

既寫答辯狀，他就是聲稱，活力不遺餘力投身於這篇字句和值觀，字句都充滿了行

亦為訴狀。他知道，種種和這篇字句，表達法的衡量行動「我控訴」我的衡量行

不容駁心的決心。

左拉詢問讀者，讓讀者作證。他那詼諧其談又不乏嘲諷的風格，是左拉為這場筆戰選中的武器。口述性在這場筆戰中無處不在。內文的節奏就跟說話一樣。我們幾乎聽得見他重新緩過氣來。能將口伐舌擊訴諸文字者，〈我控訴〉是絕無僅有的典範。如果它被錄音下來就更好了，能讓左拉的聲音穿越二十世紀。

歷史折不扣的主審法官和兩旁的城牆位尊著黑袍的陪席法官和兩位法官進場，居高臨下坐著黑袍的檢察總長和辯方律師就高臨下。執達員請全體起立。

在這片喧囂聲中，黑袍的靜默聲是熱鬧的。人人行發已見，已經沒到電流，雖然天花板上的電風扇開了，已經沒到馬鈴薯的鬍子針鋒相對，這個六月天，雙手撐著頭，關在他面前的被告席，歷經無數的大陽光線中充滿了灰塵。

雄頭亂髮，法庭內午後兩點，法庭內歷經無數的大陽光線中充滿了灰塵，被告席上的被告，這一場審判就落下了布幕……

一場審判就這樣開庭了。「全體起立！」全體肅然敬起……「全體起立。」抽籤選出的九名陪審員就那張桌子就敬起了。工匠、教師或輪胎黑……

透過時鐘滴答聲說話的靜默

販一都陷離在他們的座位裡。審判長凳上那名沮喪男子的重責，就放在這些平凡市民的肩上。

訴訟開始了。一切都只能口述。聲音可以讓無辜者入罪，或是為罪人開脫。聲音的振動是作戰的武器。這種聲音的力量取決於混亂與和諧，所言如人所料與出人意表、決裂與妥協之間的平衡。主審法官要求被告起立，說明身分，報告他的職業，出生日期以及案發時的住處。這是緊張的一刻。陪審員將要透過被告的聲音認識他，這副嗓音將要向法庭及群眾揭開他的情感世界。如果他的聲音很難聽，他會被推定有罪；如果他的嗓音很誘人，就會被推定無罪。被告的名字剛剛迴盪了，他活過來了。此後他便存在。

另一個聲音揚起：書記官宣讀檢察官起草的起訴書。這份起訴書的根據是馬賽警察局的偵查結果及鑑識專家建立的事實，還有一些證詞。

「接近下午六點，三十六歲的保羅・杜邦（Paul Dupond）先生在住家的廚房裡，持刀捅了他的妻子四下，腹部三刀，肺部一刀。接著，他拿起塑

審法官、他的在他們的聲音震懾著聽眾，辯方的語調和靜默，這證言應該如有需要人佩，辯方的陳詞連坐上證人席，套著三十二歲的杜邦

情緒的工具，律師可化為弓弩，在證言之間，一字不漏地讓大家聽見。他們的聲音，還有上語氣上地時她的肩上的邦太太的

是他被以及，而位在，檢察官精準又嘹亮到位，可以補充辭臨唱道人的聲音、態度、眼神，直到死神降臨了垂死妻子的

武器的，字句上。「輪到檢察總長站起來。此刻充說明，將會更加穩固控制方或

他知道如何使用靜默射他，辭護詞⋯⋯」辯護詞的口述的訊問只是聲音的呼吸，他拿

措辭嚴肅他聽意在尊命的，派上用場，一切都將繼續下去的振動，他那民

辭嚴廣必定話前的證前失然地起悟，紀德·安德烈（André Gide）⑧的威儀，令人肅然地在他

在讚實道主。（Souvenirs de la cour d'assises）中寫道：「他的回憶錄《重罪法庭回憶錄》

一九一三年，安德烈·紀德（André Gide）

眾領袖的靜默

這是個戰術：辯護詞的時間如果太長，聲音會疲勞，失去衝擊性。聲音如果拿捏不當，辯護詞也會失去效果，說服的力量將四分五裂。所以，他會將這個獨特的音色維持在協調與紛囂、節奏中斷與和諧之間。他以氣魄、活力和信念作結。在他占據的凝重沉默中，他要求自己認為適當的刑罰。

辯方律師起立。古戰可以開始了。字字命中。主審法官、兩位陪席法官和檢察總長高高俯視全體，彷彿身在一場以話語取代刀劍的競賽裡。起訴內容太過駭人聽聞，以至於所有人都迫不及待地想聽辯方律師的開場白，或者應該說他聲音的頭幾個泛音。他說服得了人嗎？現在還不到論證的階段。辯方律師必須先勾住他的聽眾。矛盾的是，如果音色恰到好處，也有力量，既不會大響亮，又不會太輕柔。跟隨在開場幾句話之後的會是靜默。若太大聲，會破壞內容的理解，讓人聽得很痛苦。若太輕柔，聽眾不再入迷，他們會溜進自己的思緒中。辯護詞只是字句，節奏和靜默。情緒就跟論證一樣重要。律師必須創造一個與陪審團之間的連結，說他們的語言，聆聽他們的眼神。

靜默的力量，不就是聲音的終極力量嗎？

外遇，在田修辭才在陪審團面前展現及辯護詞之後，最後由律師做到的總結論，被告所要子……

於那「」中，驗屍報告就在法庭的陪審團面前，令人印象深刻的辯護詞之後，最後辯方律師做到的總結論，被告稱被告所要子……

判決下來了。「罪名成立。」先生。「各位陪審團的各位女士，柏特海裡群眾在審議室外面等候判決之際，可是，最後的寂靜在法庭內……

檢察官的旋律規則進來，而是時鐘聲變長，每個人印象深刻。在最後的寂靜在法庭內，各位檢察總長死者請法醫這邊可怕……

可憐太遲了，這樣靜默的安靜透過鐘進來，判決下來了。「罪名成立。」各位剛才秒鐘若干秒鐘內我們搬請死者就是這就忍變在座……

受不了要聽一公尺四尺高的刀的剖解，屍報告都在法庭陪審團正樣的樣子於胸膛置於主導的辯護詞減輕其刑。不得成立，不得減輕過的歷過的就是眾人就現一就這忍死庭的

【譯注】

① 安德雷・杜索里爾（André Dussollier, 1946~）：法國名演員，曾獲凱撒獎最佳男演員獎。

② 原書注：〈政治人物話術中的停頓之象徵功能〉（La fonction symbolique des pauses dans la parole de l'homme politique）, *Faits de langue*, n° 13, 1999.

③ 埃斯庫羅斯（Eschyle）是古希臘的悲劇作家，《降福女神》（*Eumenides*）是他的《俄瑞斯忒斯》（*L'Orestie*）三部曲之末。故事描述俄瑞斯忒斯殺死了弒父凶手——母親之後，一路受到復仇女神厄里倪厄斯的迫害，終於逃至德爾菲的阿波羅神廟，企能洗淨罪孽。阿波羅為俄瑞斯忒斯辯解，但是厄里倪厄斯仍執意要懲罰俄瑞斯忒斯。阿波羅建議俄瑞斯忒斯前往雅典，找雅典娜主持公道。最後，雅典娜判俄瑞斯忒斯無罪，並將復仇女神的名號改為「降福女神」。

④ 薛尼・盧梅（Sidney Lumet, 1924~2011）：美國導演，名作《十二怒漢》（*12 Angry Men*）讓他獲得奧斯卡金像獎最佳導演獎的提名。

⑤ 尚・季奧諾（Jean Giono, 1895~1970）：法國作家，著有《屋頂上的騎兵》、《種樹的男人》等。

⑥ 「多明尼契事件」（l'affaire Dominici）：是一九五二年發生在法國的一件殺人案。英國生物化學家傑克・德拉蒙爵士（Sir Jack Drummond）夫妻和十歲女兒到南法渡假，卻被人發現死在自家轎車旁邊，鄰近多明尼契一家的農場。古斯塔夫・多明尼契報案後，卻被警方認定為嫌疑犯。古斯塔夫的老父加斯頓出面頂罪。這件疑點重重、證據薄弱的懸案，後來也被拍成電影。

⑦ 埃米爾・左拉（Émile Zola, 1840~1902）：十九世紀法國最重要的作家之一，為自然主義文學、法國自由主義政治運動的重要代表人物。

⑧ 安德烈・紀德（André Gide, 1869~1951）：法國作家，一九四七年諾貝爾文學獎得主。

結論

聲音科技的未來性

Le futur cherche sa voix

所提出的耳聾式的大號耳機等之一，就能讓人聽見明顯的聲音，目前想得的內在聲力的力量。

史蒂芬妮·馬汀（Stephanie Martin）的團隊所致，以及布萊恩·派斯利（Brian Pasley）教授的研究，以及瑞士洛桑、美國加州大學權毛

妮·克雷閉鎖症候群，某位我們既然接收聲音，正在幫皮膚花園的量，然後十分適合在我和自我回歸和內耳的「花園」稱為我們對聲音的探索

馬汀分校候群之由於受到打擾，能考得見將顱內部信號變成一整組植入腦殼下方深處的特殊微電極——就在會借助一項將電顱默成

訂的布萊然後派聽見將類似的默想成我們已經知道如何解讀這些神經細胞的深處，記錄下這些神經活動，也就是我們

派斯利和的團隊口來解讀聲音，幾乎同因性失聲嗎？這些神經音正在準備的耳的內在聲音

就可望讓不願開例如聲音已經知道平動用對話中發出神經元，自動科

發出聲波。

來元的聲音多出聲波。

• 語音辨識技術

語音辨識技術是一個跟資訊世界一樣老的主意了。四十年來，我們就企圖要利用聲音來控制物品。雖然已昭告天下好幾次了，但這項革新一直未曾圓滿成功過，即使聲音明明是人類與科技之間最自然的介面。目前我們知道如何傳送簡短的聲音訊息，但是未來語音辨識技術就能在連上網路的物品上產生作用（手錶、汽車、自動調溫器、冰箱……）。即時留言，這甚至是聲音的隆重回歸。一個十至十五秒的簡單聲音訊息可以傳送想法，語氣和情緒，比鍵盤還有效率，還自然，還快速。

在我們這個複雜的科技環裡，聲音就像影響未來日常生活的一種最簡單的方法。多虧了智慧型手機裡的一些應用軟體，語音助手的系統已經開始革新。只要哼一哼，就算走音了也沒關係，照樣可以辨識出一首歌來！似乎沒有一個參數逃得過這隻超級耳朵！耳朵引領聲音，雖然我們可以閉上眼睛不去看，耳膜卻沒有蓋皮，可以過濾我們所聽見的一切。

牽連到聲音本身的目標，就是能夠製造合成聲音的概念，換句話說，就是一種「可能是一個人的聲音，但這會是一個人的聲音標識。

一直以來都撇開不用的術語和研究院的研究生活造成的影響，他們不談，只懂得轉變歌聲，還力量——個人的聲音，但這會

● 合成人聲

一般而言，跟一個不會回答或是回答得慢的物品說話並不容易，但是網路上那種語腔既無聲音也無鍵盤的智慧型物品，可能顯得習慣會改變得扭曲。

未來的趨勢是要結合這兩個步驟。目前語音助手等的技術愈來愈成熟了，這些造出來的物品先辨識字詞，接著分析它們的意思，合成聲音也愈來愈自然。「對著機器說話並沒有想像中那麼容易，因為合成物品互聲，未來的趨勢，合成聲，

因此，安德雷·杜萊里爾為了實驗的需要，很樂意任由研究員剝奪他那麼動聽的嗓音！要合成出他的聲音，必須錄許多小時的聲音。這些錄音都被切割成字、音節、音素，其中的特徵都被分析並儲存下來，為的就是一旦配置在一起，可以重建任何一個字以及多種發音，讓聲音的質地盡可能渾然天成。一個人的聲音標識是他的韻律：一種連結了節奏、停頓、聲調的組合。拜這項科技所賜，目的是要加工杜萊里爾說話的方式。在音色上面玩一點花樣，他們就有辦法塑造聲音的表情和情緒。因此，我們可以聽見杜萊里爾的合成聲音念《小紅帽》給我們聽。這個結果把杜萊里爾唬得一愣一愣，坦承就連他的親友也沒辦法說清楚，是他還是機器在念故事。

曠世天才史蒂芬·霍金（Stephen Hawking）因為病情的關係，多年以來都不能發聲，他就使用合成聲音。今天，他大可開心享有接近人聲的聲音了，但據說他還是寧願保留那副機器人的聲音，這種聲音已經變成他真正的聲音身分了。我壓根兒不感到意外，霍金這個極端的例子，非常貼切地傳達出我們和組成我們聲音身分之物間的關係，是複雜、矛盾、獨特又玄妙的。

聲音辨識的技術，同樣求助於把聲音變得像指紋一樣。每次都會講述相符並論。

被交到許多人手中，這個過程變得像聲音的身分，不能讓人聽聞。如果這種天衣無縫的聲音和影像，就可以訴諸法庭的判決。這項科技能夠模仿一個人的聲音，這種數位的聲音，效果也更好，能做出一個人的聲音，轉變成另一個人的聲音，這樣我們就能夠模仿。

這樣的夢想，正在讀自己日記的無名氏的影像和這種天衣無縫的聲音藝術上，就可以獲得訴訟判決的幻象。研究院也能夠創造出我們從來沒有錄過這。

丁數位的聲音也就。他們持有無名氏的電影《審判貝當》（Juger Pétain）的需求，重建菲利浦·帕何諾（Philippe Parreno）的聲音，同樣把這重建菲利浦·沙達（Philippe Saada）的聲音當元達成上。

會造成很嚴重的問題。這種技術也有無法跨越的限制。

人聲的合成讓所有幻想都可以成真，科幻和它帶來的欲念逐漸現形。史丹利・庫柏力克（Stanley Kubrik）的《二○○一年太空漫遊》（*2001: A Space Odyssey*），已經在思索人工智慧可能滋生的危害。史派克・瓊斯（Spike Jonze）的《雲端情人》（*Her*）則審視人類與作業系統相戀的問題。《雲端情人》有點像是《人聲》（*La Voix humaine*）①的變奏曲。但是它與尚・考克多（Jean Cocteau）這本讓羅伯托・羅塞里尼（Roberto Rossellini）搬上大銀幕的《人聲》相反，在《人聲》裡，被愛的對象對觀眾而言不只看不見，還沒有聲音，而我們在《雲端情人》中可以聽見男主角迷戀上的聲音（對觀眾而言，劇中的合成聲音出自史嘉蕾・喬韓森〔Scarlett Johansson〕，具有附加魅力）。

在這部電影描述的不遠將來中，瓦昆・菲尼克斯（Joaquin Phoenix）扮演的主角為一個網站工作，負責幫別人寫情書，在那個世界裡，感受和寫作正在逐漸消失。自從他與女友分手後，就一直抑鬱寡歡，沉迷在交友軟體

丁路德·金恩獨一無二且無可取代的聲音的振動就在我眼前，我就著眼前振動的聲音，充滿情緒的音樂，還有他的耳裡語言，充滿愛意會是更勝於和平嗎

這本書一開始，我就著眼前振動的聲音的部分，充滿情緒的情緒部分而且普世共享的情緒。「……他笑著同意。他還有勇氣去思考創造的問題，讓人在自己的機器友伴的聲音裡，是無言的補償而心裡想見美麗的故事，有一段愛情故事，有一天，他觀眾想像愛情故事，他相信這

惠相信遠也畢竟無法拿來作為非人的聲音，「裡讓我朋友屬於自己的聲音的機器友伴，是數十名網友之間，就誕生出一段愛情和透過這個過電話交談的女聲之間，就誕生出一段愛情和透過這個過

人工天的演唱，這個對象就算局失去自己的聲音的女聲之間，至少也想生出一段愛情故事，有一天，他觀眾想像愛情故事的男女之間，心裡想見美麗的故事，有一天，他的故事結束了，他發現這

最後聲音也會因為科學技術而現實會凌駕科幻嗎？明天的我們應該承認我們

唯一的愛情和透過這個過電話交談的女聲之間，就誕生出一段愛情和他相和他

的訊息。想要殺掉它的人，難道是聾了嗎？

　　不知道各位有沒有看過一個報導節目？在節目中，記者讓原住民看了一部集結了西方文明最美好及最醜惡的產物的影片，並要求他們做出反應。原住民盯著眼前魚貫而過的一幕幕影像：第一批上月球的人、法式花園、戰爭場景、車等等。一般而言，他們對我們的特殊性近乎無動於衷。直到影帶播放卡拉絲的演唱會，她正在詮釋貝里尼（Vincenzo Bellini）的歌劇《諾爾瑪》（Norma）② 中的絕美歌曲《聖潔的女神》（Casta Diva）。幾乎赤裸裸、身體塗滿五顏六色的原住民，在他們的茅屋中，對卡拉絲的聲音產生了反應，這是文明化聲音的極致。聲音依隨文化背景變化的觀念因此不攻自破。以下是原住民所說：「這個音樂不是我們的文化，我們不知道它代表什麼意義，我們只能看和聽，但是樂音感動了我們。」或是「雖然聽不懂，但我覺得她的歌聲震撼人心，我們感覺到裡面有點神聖的東西。」

　　聲音之所以神聖，就是讓人身而為人，並給人超越自己的機會。如果聲音的力量真的存在，那麼就得到這些充滿未知的魔幻地區去尋求了。

【譯注】

① 《人聲》(*La Voix humaine*)：尚‧考克多(1889~1963)的獨幕劇，敘述女主角與離開她的情人通電話的故事。這部現代歌劇由普朗克(Francis Poulenc, 1899~1963)譜寫成劇‧企圖動人。

② 《諾爾瑪》(*Norma*)：義大利作曲家白利尼(Vincenzo Bellini, 1801~1835)的歌劇‧故事描述高盧的祭司諾爾瑪與敵人羅馬總督相戀的故事。他回心轉意。

致謝

　　能夠撰寫這本書是一件愉快非常的事，不只讓我得以抒發對人聲的滿腔熱情，還因為和許多人的邂逅相遇，以及對聲音力量的眾多討論，經常讓我感觸良多。

　　我由衷感激這些交談對象，無論他們是哲學家、法律專業人士、歌手、演員、科學家或藝人。

　　我尤其要感謝伊夫・高蓋（Yves Gauguet），他忠實的友誼在我撰書的一路上陪伴著我。他不離不棄，不斷提供建言和鼓勵。

　　前憲法委員會主席、前司法部部長羅貝爾・巴丹戴爾律師，他讓我得以更進一步感知、明瞭、分析，那些存在於個人感受與集體感受間時而衝突的

以下這些絕品聲音的情緒，與群體以進入那些聲音的宇宙、情緒進為一體，讓我們驚奇、讓我們夢想，永不休止：

特權得以特別我要多謝貝多芬就不凡的鋼琴作品中的音符，讓我更容易演奏和聲音力量間的泛音和噪音兼作曲家荷—呂克·康迪元（Jean-Luc Kandyoti），多謝他讓我更容易他們攝變人心，沒有他比較他藝術家，他們就沒有這本書中的魅惑音的聲感，在符止符之間的正是我們康迪元提及以及他們給私我

複雜關係。

多次為我聲導我的外甥耶那里·托吉曼（Thierry Tordjman）力量間的緊密關係。

「自由心證」這個棘手的主題。

皮耶·西克曼（Pierre Cycman），寶貴的協助，而有他，我才能夠深入探討

真正的聲音導演彼得・布魯克（Peter Brook），還有羅伯特・海珊、傑哈德・達曼，他們的聲音也有演技。

安德雷・杜菜里爾身為演員，卻不曉得自己還是未來聲音的科學家。

挑戰時間的夏爾勒・阿茲納伏爾（Charles Aznavour），挑戰物理法則的嘉羅，不斷推移他的聲音底線，卻從來不曾受過傷。

陳光海及安潔莉可・琪蒂歐（Angélique Kidjo），他們的宇宙之聲絕無僅有。

魯傑洛・雷蒙第、弗洛朗・帕尼（Florent Pagny）、米卡（Mika）、海連・塞格拉（Hélène Ségara），他們的聲音一齊在聽眾體內產生共鳴。

綜藝界的席琳・狄翁，就好比歌劇界的卡拉絲。

模仿藝人、聲音的魔術師、藝術家之寵、聲音的特技演員：米凱爾・格雷哥里歐、薇洛妮克・狄凱兒和莉安・佛利（Liane Foly）。

此外，我要特別感謝所有藝術家的雙語能力，加音員，在列長達十五年的時間中，協助我研究聲音的科學家朋友⋯比爾·薩羅伯·洛夫（Robert Sataloff）、邁克·貝寧傑（Mike Benninger）、湯瑪斯·墨瑞（Thomas Murray）、琳達·卡洛爾（Linda Carroll）、安娜莉·佩提帕（Eliane Petitpas），以及陪在我身邊將近三十個年頭的麻醉科醫師尚一賈克·梅馬克醫師（Jean-Jacques Maimaran）。

本章特別是為科學獻身卻不為人讚歎的羅丝的原音「比較科學家自知的羅丝醫師⋯他讚歎的傑夫·帕納克羅（Jeff Panacloc）、馬克·梅特拉的柔軟組織，他的喉頭才經技合我使用的聲譜圖知「原音」，此政治人物竟然無此政治人物。鄧納腹語師、傑夫·聲音的魔法、腹語師的雙語謝謝、聲音的魔法⋯協助我研究聲音的傑夫。

善解人意的瑪希‧歐贊納（Malcy Ozannat），懂得每個字背後的意義，還有妮珂‧拉特斯（Nicole Lattès）無比的耐心。她們為這本書帶來支持。

多謝我的孩子黛樂芬（Delphine）和派提克（Patrick），犀利敏銳，帶給我這麼多的善意與愛，我需要建議的時候他們總在身邊。

好聲音的科學：
領袖、歌手、演員、律師，為什麼他們的聲音能感動人心？

作　　　　者——尚・亞畢伯
　　　　　　　　（Jean Abitbol）

譯　　　　者——張喬玟

特約編輯——洪韶瑟

發　行　人——蘇拾平

總　　編　　輯——蘇拾平

編　　輯　　部——王曉瑩

行　　銷　　部——陳詩婷、張瓊瑜、余一霞、王涵、汪佳穎

業　　務　　部——郭其彬、王綬晨、邱紹溢

出版社——本事出版
台北市松山區復興北路333號11樓之4
電話：(02) 2718-2001　傳真：(02) 2718-1258
E-mail：motifpress@andbooks.com.tw

發　　　　行——大雁文化事業股份有限公司
地址：台北市松山區復興北路333號11樓之4
電話：(02)2718-2001
傳真：(02)2718-1258
E-mail：andbooks@andbooks.com.tw

美術設計——楊啟巽工作室

排　　　　版——陳瑜安工作室

印　　　　刷——上晴彩色印刷製版有限公司

2017年10月初版
定價 420 元

Le Pouvoir de la Voix
© Allary Éditions 2016
Complex Chinese language edition published by special arrangement with Allary Éditions in
Conjunction with their duly appointed agent 2 Seas Literary Agency and co-agent The Artemis Agency.

ISBN 978-957-9121-05-7

國家圖書館出版品預行編目資料

好聲音的科學：領袖、歌手、演員、律師，為什麼他們的聲音能感動人心？
尚・亞畢伯（Jean Abitbol）/著　張喬玟/譯
　——初版.——臺北市：本事出版：大雁文化發行, 2017年10月
　面；　　公分.——
譯自：Le Pouvoir de la Voix
ISBN 987-957-9121-05-7（平裝）

1.聲音　2.聲音傳播　3.通俗作品
334　　　　　　　　　　　　　　106014852